设计基础导论

刘宝岳 主编

材料构成设计

金彦秀 [韩] 严赫镕 金百洋 编著

U0298712

中国建筑工业出版社

图书在版编目（CIP）数据

材料构成设计／金彦秀，[韩] 严赫镕，金百洋编著.
北京：中国建筑工业出版社，2016.5
（设计基础导论）
ISBN 978-7-112-19229-8

Ⅰ.①材… Ⅱ.①金… ②严… ③金… Ⅲ.①材料–设
计 Ⅳ.①TB3

中国版本图书馆CIP数据核字（2016）第050090号

责任编辑：王玉容
责任校对：李美娜 姜小莲

本书共分6章阐述。第1章到第5章，研究材料的发展历程，材料的形式，材料与艺术的结合，材料的运用以及怎样创造、更新视觉语言等。通过这些学习达到对材料的基本认知和逐渐掌握理性的思维创作。第6章是设计实践。即利用大量的实验和案例详细地分析了每个章节研究的内容，并进行解析，把理论知识转换成实践。

本书适用于公共艺术设计、环境艺术、工艺美术、服装艺术、工业及产品设计、包装设计以及雕塑、壁画、实验艺术等专业的大专院校，高职、高专等学校的师生使用，也可供相应的工作者学习参考。

设计基础导论 刘宝岳 主编
材料构成设计
金彦秀 [韩] 严赫镕 金百洋 编著
*
中国建筑工业出版社出版、发行（北京西郊百万庄）
各地新华书店、建筑书店经销
北京锋尚制版有限公司制版
北京方嘉彩色印刷有限责任公司印刷
*
开本：880×1230毫米 1/16 印张：8 字数：322千字
2016年7月第一版 2016年7月第一次印刷
定价：68.00元
ISBN 978-7-112-19229-8
（28460）

前言

综合材料作为各类艺术创作媒介，在国内外各艺术创作中广泛地使用，利用材料创作范围在扩大，并发展迅猛。材料原来作为创作的附属体，发展到今天，一跃成为有些艺术门类创作的主体。可见，材料在当今艺术设计中的重要性突显出来。

鉴于利用材料创作与设计的机缘越来越多，近年来，国内高校均已开设这一专业，对学生开展这方面的训练，培养这方面的艺术设计人才，服务于社会。

古往今来，材料一直被人们广泛地利用。在我们的生活中无一不与材料息息相关。而且，现在任何一种艺术创作都离不开材料。时代的发展、人类的进步，科学把人们推向材料的时代。过去人们是想好主题再去寻觅使用的材料，而今材料信息化的发展，改变人们多年的习性，材料的运用，推动人们创作向更广泛的空间发展。今天，先选择材料后做主题的概念，已经被人们广泛利用，并作为创作的武器，可见材料在当今信息社会的重要性。

社会的需求也是教学的需要，各艺术院校为适应社会的发展，相继开设了综合材料设计这门课，为人们更好地使用材料提供了学习的条件。

材料研究的书籍在市面上虽有出版，内容只是将材料简单地介绍，而将使用作为教科书的重点。本书不同的是，在借鉴此类教科书内容的基础上，把材料的综合性利用及与其他艺术设计联系扩展，把点扩大到面，更多地在设计思维上建立习性开发，来扩展设计的广泛性、视觉张力及多变个性张扬的表现能力研究。同时把国外材料专业的学习经验用在编撰上，完善了已有教学内容。

这本书不仅适于艺术设计类方向专业教学使用，也可用作纯艺术类的方向专业教学。这两个方向都可使用的原因是，它们都需要材料作为创作或设计的媒介，这个媒介就是材料。其中在这两个方向的研究生、本科生、专科及高职的学生们都可使用。该书不仅可以作为材料设计课使用，还可以作为各专业的基础课使用，应用范围十分广泛，如公共艺术设计专业、环境艺术专业、工艺美术专业、服装艺术专业、工业及产品设计专业、包装设计以及雕塑专业、壁画专业、实验艺术专业等。

目 录

第1章 话说材料

1 概述

本章所研究的主要内容：第一部分是对材料的过去与今天发展的地位与作用，它们在各时期存在的现状，以及它们当时所处的环境的研究。第二部分是对材料初步的认知和基本内容的研究。通过这些学习铺垫对后续课的深入研究奠定了基础。

什么是材料？材料的解释也是多种多样的。角度的不同对材料的理解也有差异。有人说思维（抽象）以外的具体的物质。也就是人需求的实在的物品。或用以制作物品的东西。百科名片中说，可以用来制造有用的构件、器件或物品等物质。材料是人类赖以生存和发展的物质基础。20世纪70年代人们把信息、材料和能源誉为当代文明的三大支柱。20世纪80年代以高技术群为代表的新技术革命，又把新材料、信息技术和生物技术并列为新技术革命的重要标志。这主要是因为材料与国民经济建设、国防建设和人民生活密切相关。材料除了具有重要性和普遍性以外，还具有多样性。由于材料多种多样，分类方法也就没有一个统一标准。随着时间的推移，人们对材料的认识与理解从原来材料本身的属性，如形状、色彩、硬度的物理属性逐渐向材料的精神属性发展，也就是向材料传达的精神上"意"的属性上扩展。材料的魅力也不光局限在材料的物理属性，更重要的是"精神"内涵的属性。

如今，材料一改过去充当幕后配角，从幕后走向前台，扮演着主角的作用。它所带来的视觉冲击力，给艺术家更多的梦想与追求。人们之所以这么看重综合材料，去探索和研究它，并被广泛地运用于人们对美的追求，是因为它为人们的创作形式提供了更多选择的空间。在认识材料的过程中，人们从单纯的功能性简单理解到对材料触感的揣摩，已经是认识的一个飞跃。而在过去，由于人们认识的局限，不可能更全面地理解材料本身的丰富性，更不可能在运用上花更多的时间去研究它。这就导致了材料应该发挥的丰富性很难达到预想的程度，更谈不上发挥到极致。时代是向前的，人们的认识也是在发展或更新着。时代使我们重新认识材料，重新审视材料，重新认识材料在艺术中的地位。并通过艺术实践认识了材料所传达出的丰富性，同时也把对材料的认识推向材料本身固有的那种特性——对生命的渴望。这就为艺术家对材料的创造性使用与拓展，开辟了作品的表现力、想象力和感染力，并发掘出各种材质多重表现的可能性（图1-1~图1-9）。

图1-6~图1-8作品是韩国釜山美术馆里的一件作品，我们称之为综合材料作品。之所以把这件作品选做案例来加以分析，是因为这件作品打破了以往的惯性思维，显现出人们对材料的重新认知。在过去，人们习惯于把材料理解为传统的材料，如木头、金属、塑料等。也就是我们经常反复用过的材料。我们做一张桌子自然想到桌子的材料是木头，做个水桶也会想到采用的材料是铁制品。随着时间的改变，人们对材料从传统的简单的几种扩展到多种多样，材料的发展如雨后春笋般逐年翻新。现今人们感到，我们的周围是个材料的世界。这种说法真的一点也不为过。我们的生活为材料包围着。材料的发展，导致人们对材料使用的力度在加强，使用的频率在提高，这就给艺术创作提供了机缘，扩大了作品创作的空间与可能性，创作的表现力度在加强，涉及的面也在增加。在过去创作中使用这些材料，对于艺术家真的都不敢想象。

图1-6~图1-8作品材料使用塑料与钢筋固件构成人的脸形，再通过新媒体材料的特性来处理，产生出脸的形象，使观者看到的是全新的材料构成的魔幻魅力作品，把观者带到艺术家精神内涵的创作境界中。

◘ 图1–1木质雕刻作品〔韩国 李孝文〕

◘ 图1-2 金属材料做的灯饰（韩国 首尔工业品博览会）

◘ 图1-5 以材料作为主体的作品（韩国 釜山美术馆） 把材料通过艺术家的创作思维筛选后提取，从过去的只能作为艺术品或设计作品的辅助、附庸地位，一跃到创作作品的主体，来体现材料在艺术或设计中的作用与魅力。

◘ 图1-3 建筑玻璃材料 这是利用建筑玻璃材料本身固有的特质，形成的材料肌理效果。很有一种意想不到的效果。

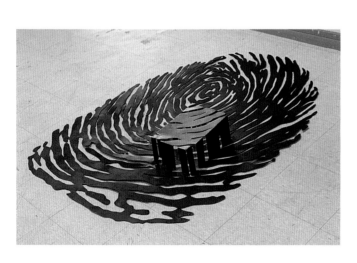

◘ 图1-6 影像与塑料和金属形成的综合材料（韩国 釜山美术馆）

◘ 图1-4 金属材料（韩国 全北大学学生作品） 这张图是用金属材料创作的作品。材料作为创作的主体，体现了材料的特性。

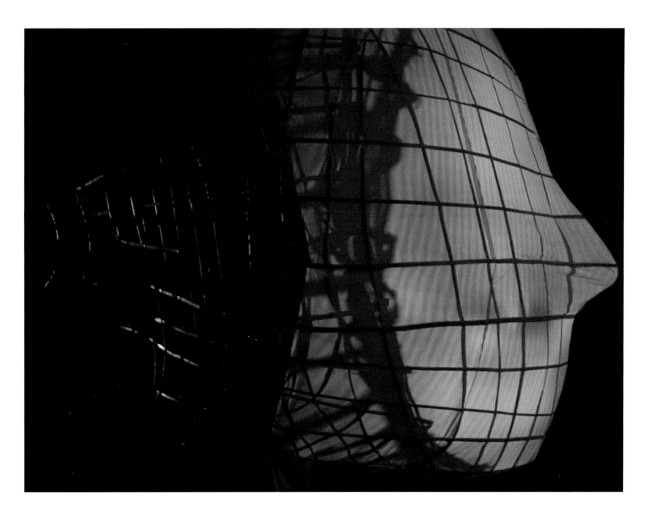

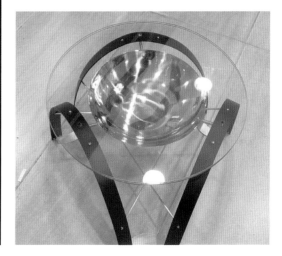

◘ 图1-7　为图1-6作品的侧面放大（韩国 釜山美术馆）

◘ 图1-8　为图1-6作品的侧面（韩国 釜山美术馆）

◘ 图1-9　玻璃与金属材料（韩国 首尔工业品博览会）

材料，无论是用于平面或是立体创作都带有观念性、装置性或实验性的含义。如今，对于艺术创作而言，材料是创作的伙伴，是来改变人们对传统观念艺术的变革和对他们的影响，并通过材料技法来表现不同观念或感觉。鉴于此，全国艺术院校也对现代综合材料研究开设了专门的课程，更好地培养人们对材料堆砌中的理解或认识。并利用材料独有的特性，去改变造型外部形式，并赋予它新的内涵，使其产生新的视觉效果，给人以美的享受。在教学过程中，虽然材料在某种存在的价值中具有构成的因素，但这种构成已经远远地脱离了一般性的构成意义，它突显的还是材料本身的魅力。通过材料的加盟，培养学生的创造性思维，在社会的变革过程中去思考与综合材料的结合，并从固有的思维中解放出来，淡化画种的区别，突出个性化，挖掘创造性潜能效果。材料从现代艺术的幕后使者走到前台，发挥它独有的艺术表现力，为我们艺术创作所用，这就是我们开设综合材料课程的目的所在。（图1-10~图1-14）

随着材料地位的提升，人们不仅在艺术创作和人才的培养方面广为利用，而且发展到对材料认识的理性化，指导人们的创作。

日本岛村昭治就对材料研究出历史分类法：1980年左右，在日本有个机械技术研究所，在这个研究所中有个叫岛村昭治的设计家，他认为材料的发展史可分为五代：第一代材料是石器时代的木片、石器、骨器等天然材料。第二代材料是陶、青铜、铁器等从矿物质中提取的材料。第三代材料是高分子材料。原料主要是从石油和煤炭中提取的物质形成的材料。第四代材料是复合材料。第五代材料是材料的特征随着环境和时间而变化着的复合材料。它能检测到材料受环境变化引起的破坏作用，随即做出相应的对策。这类材料又可分成为两类：一类是对应于外界刺激引发的

■ **图1-10　玻璃钢材料，具有观念和装置性的含义（韩国　釜山）**　装置性即装置艺术，是指艺术家在特定的时空环境里，将人类日常生活中的已消费或未消费过的物质文化实体，进行艺术性地有效选择、利用、改造、组合，以令其演绎出新的展示个体或群体丰富的精神文化意蕴的艺术形态。就是"场地+材料+情感"的综合展示艺术。

■ **图1-11　影像材料组合（韩国　白南准）**　是国际著名影像艺术家Video艺术之父白南准的作品。他被称为现代艺术大师、激浪派大师、多媒体艺术家。他是借用现代社会的一种标志性的材料——电视机材料来构成作品。他的成功之处是集国际化和地球村发展进程中的文化互渗现象，将信息化的高技术社会、精神、物质和技术转化为人类共同的遗产。这也是一些学者所讨论的文化多元论的后现代社会特征。只有抛弃固有的成见，才能真正拥抱这个日新月异的世界。白南准是这一信念的成功实践者，总是不断超越文化藩篱。

■ **图1-12 木板 石膏（金百洋）** 它的特点是完全利用材料，经过充分的构思，按创作意图利用材料的特性来完成的。它选用的材料是石膏。在事先做好的木质板子上，在石膏还没有完全凝结之前，用手的造型反复拓印，形成材料肌理效果。这种材料与其他材料的区别是，其他材料是拿来稍加整理即可应用，而这种材料是拿来后经过处理，完全不是原来材料的面貌。特点是，完全可以按照创作者事先准备好的意图来完成作品，充分地体现材料本身的艺术张力。

■ **图1-13 玻璃构成的综合材料作品（天津工业大学学生作品）** 该作品突出了玻璃质感材料的独有性能。

■ **图1-14 复合材料组合的构成作品（天津工业大学学生作品）** 该作品是选择特制的泡沫材料，有大有小，有特质相同，有特质相异的同类材料在表现上反复地有规律地组合，形成的以材料为主体的作品。这是件典型的材料作品。它要表达的就是材料的特性，以材料的特性张力，给观者以耳目一新的感觉。

破坏，向补强的方向变化。另一类是废弃后迅速分解还原为初始的材料，向易于再生的方向变化。这是一类智能型材料，开始于20世纪40年代，代表着未来材料的开发动向。

通过以上的研究让人们更加理性化地对材料的规律有一定的认识。（图1-15~图1-17）

■ **图1-15 选取木材与金属材料（韩国 李孝文）** 这是韩国艺术家的作品。作品选取木材与金属材料，经过技术切割与金属弯曲加工后，材料发生了视觉上的变化，突显出材料的特性。

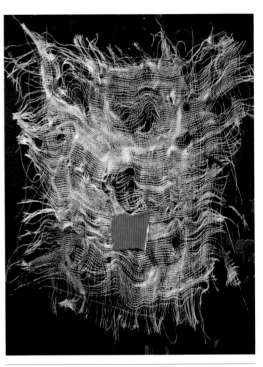

■ **图1-16 材料构成（金百洋）** 作品用丝网形态的线材料，在画布上演绎，重新建立起具有视觉特性的构成作品。

■ **图1-17 树林深处的爱——布与丙烯材料（韩国 朴有子）** 作品直接把传统常用的棉麻作为作品的底料，再把现代材料丙烯用到创作中，不仅不失去传统意味，还更有当代之魅力。

2 材料的昨天与今天

在远古时代人们就发现了材料存在的价值，只不过当时是作为人们生存的物质材料而存在。我们从远古陶罐的出现作为生活工具到今天陶作为艺术品的存在，两者虽然都是作为材料而存在着，但是观念意识有了区别。过去人们只是把它当成使用品，而今是作为艺术中材料的媒介。但有一点是两个不同时期共有的特点：都是对提高人们的精神品味和加速人们对材料的利用发展起到了作用，也使得材料的用处得到突飞猛进的发展。（图1-18~图1-23）

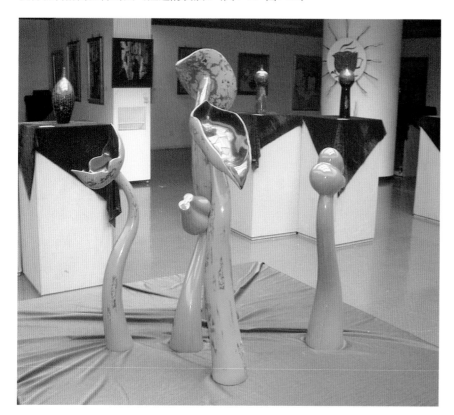

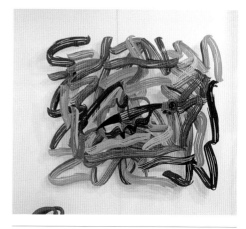

图1-19　亚克力（以色列 戴维 戈尔斯坦） 用科技手段生产的亚克力材料创作的作品。

图1-18　漆艺——大漆 （天津美院学生作品） 这件作品用传统大漆材料制作的作品——传统的材料现代的利用。（左上图）

图1-21　纸 （天津美术学院学生作品） 选择的材料主要是以纸为创作材料，与构成元素的再造组合形成的作品。

通过利用材料的特性与创作主题结合，传达给人们视觉的感染力与形式上的美感。美感大于材料的实用性。

图1-20　韩国传统建筑风格——泥 该作品是韩国典型的传统建筑风格。这种风格的特点是运用传统的泥制建筑材料。而这种泥质材料正是韩国传统建筑表现的特质。（左下图）

▣ **图1-22 传统风格家具（韩国）** 这件作品是韩国的传统非物质文化遗产的作品。这件作品的特点是，材料完全用的是韩纸，通过传统的工艺，一遍一遍地糊裱加工最后完成。这种利用纸制材料做艺术媒介来完成传统的作品，在韩国历史上存在久远，对后来的纸制作品的发展具有推动作用。类似像这样的纸制家具作品在韩国，是众人竞相购买与收藏的。

▣ **图1-23 爱—祝福——丙烯颜料（韩国 朴有子）** 是用现代技术下的工艺材料丙烯绘制的，突出现代材料的特性。

从历史的角度来看，人们对材料的研究和使用从来就没有停止过，并在飞速地发展着。我们从西方利用材料在绘画中的演变过程就可清楚地看出。比如，西方的古代绘画开始使用胶彩画、蜡彩画、镶嵌画、湿壁画、干壁画、坦培拉绘画以及坦培拉和油画的结合，直至今天人们很成熟地利用多种材料去完成油画的创作。又如丙烯、多种调和油材料不仅可和水兼用，也可和油并用，为我们的创作提供了帮助。新兴的材料随着工业技术的发展层出不穷，扩展了我们的创作空间，同时也给艺术家创作提供了可变、多样的实验机会。（图1-24~图1-29）

蜡彩画也叫蜡画法（Emcaustic），在欧洲是一种古老的绘画材料技法，公元前4世纪在希腊就已出现。我国秦汉时期的蜡染也是蜡画法的一种。在巴黎卢浮宫和伦敦大英博物馆有保存完好的公元2世纪前后用蜡材料绘制的埃及人肖像，历经二千多年色彩和表面都保存完好，不像油画有脱落、变色、龟裂之虑。这一技法到中世纪已经失传，直到19世纪，一些浪漫主义画家才又重新研讨蜡彩绘画材料，如著名的瑞士画家勃克林（AroldBocklin1827~1901）的作品《死之岛》以及许多他的其他作品都是使用蜡彩画成的。现代画家毕加索等也有用蜡画法完成的作品。热蜡油画主要成分是蜂蜡、油画色和强固剂。它解决了多年来油画作品出现变色、龟裂、脱落等问题。

镶嵌画，是用各种颜色的玻璃、陶瓷、金属、石块、贝壳、玉石、木材等材料，采用镶嵌工艺制成的工艺画。可用于建筑物墙面、地面和顶棚的装饰，或制成屏风、壁挂、家具板面及其他工艺品。

用鸡蛋作为调色的材料作画可追溯到古希腊和中世纪，属坦培拉的雏形。据说13世纪佛罗伦萨画家契马布埃首创坦培拉技法。其弟子乔托加以完善，后来此技法盛行于意大利、尼德兰和法兰德斯等国家和地区。油画的形成和发展，使它一度受到冷落，当代艺术家在研究古典绘画作品时重新发现了它的艺术价值，而且开始探索坦培拉绘画材料更广泛的表现空间。

◻ 图1-24 传统材料与传统图形形成的作品
（**韩国**）传统木制材料与传统图形组成的作品，很有历史穿越之感。在现今都市的环境中，接触到传统的文化，有种像我们在烹调中适当地放些味精，使得生存环境，更有与众不同的新鲜味道，很适于人们的视觉。同时使人的心态有种放松的感觉。

■ 图1-25 叠纸作品　材料的发展推动了对材料的探索。叠纸作品很有视觉新感。

■ 图1-26 韩国 大学内的风景——标语符号形成的材料作品
大学内的用标语符号形成的材料作品（纤维），是一道靓丽的风景线。

■ 图1-27 大学内体验馆——现代材料

■ 图1-28 浮雕风格——煤漆材料（韩国）
该作品是韩国首尔画廊门厅的一件作品，是表现历史题材的作品。
该作品是运用天然煤漆作为创作原料，表现的是人群中各种各样形态的生存符号。这种符号是建立在作家赋予人们的扭动与排序的交叉程序，与材料辉映，给人以视觉上的冲击力。体现出材料的昨天与今天的和谐运动与创作的利用。

2.1 材料的重要性

任何造型艺术都要通过某种物质来实现，或表达其造型，这样的物质称为材料。材料在设计的创作中作为基础元素是非常的重要，任何设计品的功能都是利用材料通过感官来实现的。材料赋予设计更多的灵感和可能性，反过来设计也赋予材料更多的生命。

材料对于设计者来说，就是生活中的工具，无时无刻不在设计实践中突显它的作用，如一支笔描绘着或塑造着生活或历史。在我们的设计创作中，不管是工业状态下生产出的产品还是百姓常态下的生活用品，一直到艺术家设计的作品都由可感知的具体形态材料所构成。而这些人们可以感知的材料都是通过具体的工艺或技术来体现的。所以材料对于艺术的设计来说显然是十分重要的。（图1-30~图1-34）

图1-30、图1-31这两幅作品是两个商业行为的幌子，也就是招牌。其实，这两个招牌的创作灵感是来自于材料。我们看到图1-30招牌由于是木质材料，才使设计者根据材料的特性结合传统韩式风格，创作出具有民族风的作品。

而图1-31的练歌房，相对于图1-30传统风格要现代得多，材料也多样。

图1-32和图1-33这两件作品，是学生在导师的指导下创作的。作品通过五颜六色的花布材料，好像绘画之笔赋予作品的形式与造型，再经过作者的精心设计和表现工艺，把作者内心的一种固有的心态表现出来，达到一种质的境界。

这两件作品的创作灵感其实就是材料的魅力促使作者的创作灵感升华后的结果。

从另外的一个角度理解材料，假如这个作者在创作中不使用这种材料，这种材料本身再有多美的光鲜，也很难发挥它的作用。也就是说，创作者赋予材料的血脉，才使材料显现出它的光辉。

材料在造型的开始是由设计师选择或采纳，简单的材料经过设计者的创造后呈现出与原来不同的另一番新的材料形态造型，它体现出设计家的思想或理念。物质材料的重要性在于原来的形态被设计师的行为所改变，承载了新的思想内涵。（图1-35、图1-36）

材料的发展与应用，标志着一个时代的进步，也代表着科技水平的发展。在设计的过程中任何作品只有材料与制作技术的结合，才能使设想变为现实，才能有高品质的作品。设计中只有合理地使用材料，才能保证设计的完美与实现。如果不认真，或者是疏忽、误解和不理解对材料的设计想法，那就不可能产生出优秀的作品，更不可能造就一流的设计师。对掌握材料的设计、应用、工艺方法是一名设计师必备的素养。（图1-37~图1-41）

图1-40、图1-41是启发学生对材料的理解与更好地利用。老师让学生通过各种材料去体验、揣摩，通过各种方式，对材料理解、认知，再通过各种形式表现出来。

材料的魅力有时也能提供给艺术创作以灵感。比如图1-40纸材料的构成，是因为学生对纸的材料认知与理解后，产生灵感对创作的影响，才创作出这样的作品。

◘ **图1-29　标志——综合材料（韩国）** 这是建筑门前的一个综合性的建筑标志，是给客人引导用的。比如有牙科、洗浴、办公室、电脑公司等。通过这些指示牌可看出材料的作用，没有材料作用，这个指示的功能也很难发挥出来。

◘ **图1-30　民俗饭店幌子，传达出传统的感官——木质材料（韩国）**

◘ 图1-31 练歌房——综合材料（韩国）

◘ 图1-32 布材料作品（金彦秀指导）

◘ 图1-33 布材料作品（金彦秀指导）

◘ 图1-34 建筑空间（韩国） 图中是仁川机场一角，其结构是利用金属和复合材料结合，再通过技术与艺术把材料再造，才呈现出材料的魅力，可见材料与技术结合的重要。

◖ **图1-35　多种材料的组合（上海双年展作品）** 该作品是用多种材料组合而成的。飞机上选择包裹的布与飞机金属材料是风马牛不相及的两种不同的材料，用它来表现作品想要表现视觉上的精神内涵。体现着艺术家的思想或理念。

◖ **图1-36　现实生活中的实用品（上海双年展上的作品）** 作品是现实生活中的每个人都可能接触或用到的材料，也就是现成品。不过艺术家把这些日常用品，经过赋予新的精神内涵后，其视觉形象的张力就显而易见了。

图1-37 布料材料组合（上海双年展作品） 这件作品整体上把实用性的T恤转化后，技术价值被掩盖，艺术性与材料特质突显出来。T恤与艺术和技术创作结合，十分合理。

图1-38 多种材料的组合（学生作品） 多种材料有机的组合——材料训练作品。

图1-39 多种材料的组合（上海双年展作品） 该作品是用透明的纱衣与绘画作为材料，巧妙地结合在一起。

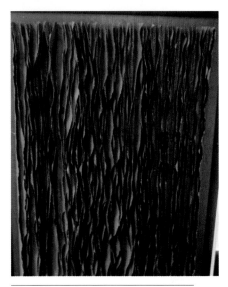

图1-40 纸卡与彩色（肖军工作室作品）

图1-41 金属线与吸管（肖军工作室作品）

2.2 材料使用的广泛性

说到材料使用的广泛性，必须介绍一位法国艺术家杜尚。杜尚是20世纪实验艺术的先驱，被誉为"现代艺术的守护神"。他是一位法国艺术家，1955年成为美国公民。他在绘画、雕塑、电影领域内都有建树，对于第二次世界大战前的西方艺术有着重要的影响，是达达主义及超现实主义的代表人物之一。第二次世界大战后西方艺术主要是沿着杜尚的思想轨迹行进的。

因此，了解杜尚是了解西方现代艺术的关键。

杜尚将材料用于艺术创作的影响，对于当代艺术或设计的拓展已经是一个时代发展的重要标志。他把材料从过去发展的被动状态，变为大家普遍认可接受的媒介主体，并对材料运用或把握的程度也越来越成熟。从过去简单使用的附属作用，转变为艺术创作的主体。在现代工业生产的社会里，材料作为实用性的用途不可能更具体深入地挖掘其全部，只有在艺术的物化状态下诞生新的生命——现成品与材料拼贴在艺术创作中的使用，才能加大材料使用的范围和影响力。这些材料的广泛使用，更能通过材料的语言传达更多感受和语境。（图1-42~图1-45）

现代艺术在工业文明的状态下产生，具有划时代的意义，加速了经济上的发展，使传统的绘画与雕塑的多维性产生了变化。这种变化来自于材料的冲击，材料的概念也在时代的发展中发生着极大的变化。今天的艺术创作或设计已经从过去的单纯的实用性的材料过渡到使用性的材料，好多的艺术创作可以直接运用高科技的手段。如摄影、电视（看做是材料）取代了传统美术的记录和情节功能，这种取代的意义在于材料的使用。美的法则也由材料滋养着设计主义，传播功能也通过现代的手段（高科技材料传播）——广告、公共媒介传播出去，传统中的艺术创作抽离了对色彩、造型最真实的模仿以后，材料取代于笔触、结构，各种材料的独立表现力量显现出来。从此，综合材料制作适应现代艺术的发展应运而生，是适应对时代、对现代生活的艺术感悟的需求。（图1-46、图1-47）

图1-44 影像——利用电视现成品与科技组合而成 这件作品直接选用现代媒介，通过现代的高科技，用装置形式取代了常态美术记录和情节的意蕴。

❏ **图1-42 《7000棵橡树》** 是德国雕塑家约瑟夫·波依斯（Beuys Joseph）的作品，这是他在1981年6月的第七届卡塞尔文献展上开始创作的《7000棵橡树》。他计划在开幕式的那天在弗里德利卡农场美术馆前种下7000棵树的第一棵橡树，并在每两棵橡树间放置一个约120~150cm的玄武岩块。共七千块玄武岩，像似一座小山堆放在美术馆前，并由后来追随者接着种植其余的橡树，最后一棵树是他死后由他的儿子挨着第一棵树旁种下的，《7000棵橡树》作品完成。
作者通过7000次反复的创始动作，让更多的人互相联结。取橡树800年寿命之长和玄武岩之坚硬壮硕，呼吁世人追求世界的永久和平。他把他的社会雕塑理念进一步运用在"世界绿化"的长程行为艺术之上。这一活动在当代艺术中，材料的广为使用方面，起到推动作用。
图1-42上是当时波依斯在开幕式上埋下的第一块石头。图1-42下是由追随者共同完成的作品。

❏ **图1-43 木质材料（韩国 李孝文）** 木质材料与造型现代观念的转换。

■ 图1-45　鸭蛋皮成为漆画的附属材料构成创作的主体（天津工业大学学生作品）

■ 图1-46　灯光与亚克力板（上海双年展上的作品）　这件作品是在现代艺术作品中，围绕着材料创作的。它已经不是过去传统意义上的作品，而是利用现代的材料与技术手段，让材料在创作中起着绝对的作用。

■ 图1-47　木材（韩国 李孝文）　这件作品是从（木质）材料中抽离，运用艺术创作的肌理，赋予现代艺术那种独特的表现力。

3 材料的地位与状况

材料作为艺术创作的媒介，它的作用是重要的，任何一件作品假如没有材料在做支撑的话是不可能存在的。材料是艺术创作的载体，如果没有材料在艺术创作中的参与将无法完成艺术创作的全部，也只能是在创作初级阶段的设想中徘徊，艺术也就无从谈起。我们在创作中运用不同的材料，选择它们的差异性，那么创作风格就会千差万别，风格各异。（图1-48~图1-54）

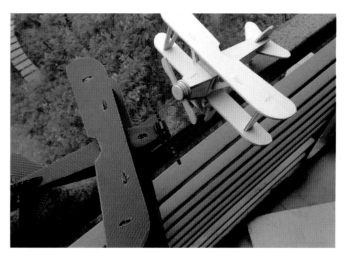

图1-49　材料与实物实验（天津工业大学学生作品）　这件作品是学生材料实验性的作品。作品造型选择特定材料kt板。这种材料的特性是切割制作十分方便，便于表现作品的艺术风格。（右上图）

图1-48　玻璃器皿、沙子、色彩（天津工业大学学生作品）　这件作品是学生的创作实验性作品。选用的材料媒介是玻璃、沙子、彩色粉末等。

其实这些材料的本身没有艺术创作的价值，也没有创作的精神，更没有艺术创作生动的视觉感。但它的创作灵感却是从这几件没有艺术生命的材料中产生出来的。

玻璃器皿可承载着艺术家想要表现的容器，而沙子却是艺术家要表现的内容，而彩色粉末是把艺术对创作的理解渲染成他要表现的那种程度。

通过这件作品实例的分析，可看出材料在这件作品中的不可缺少的作用，同时，材料也在不自觉中产生出创作的魅力。

图1-50　材料与实物装置（天津工业大学学生作品　这件是学生的课堂创作作品。材料媒介是纸、墙面砖和现成品。三种材料的构成，才使作品产生出现代感的视觉风格。

◨ **图1-51　金属零件材料组合（天津工业大学学生作品）** 这是学生课堂上的作品。通过这件作品，我们可看出材料在作品中的凸显地位。

◨ **图1-52　陶瓷、釉（天津工业大学学生作品）** 该作品是学生课堂上的传统工艺作品。虽然材料使用的是传统（陶）材料，但赋予多样造型的演绎，材料新的意义更加展现出来。

◨ **图1-53　陶釉（天津工业大学学生作品）** 材料通过现代意念的粉饰，陶瓷釉更体现出材料的视感。（左下图）

◨ **图1-54　纸材料（天津工业大学学生作品）** 是学生将材料再造的一件作品。它把彩色纸一层层扭曲叠加粘贴，到一定的厚度时，再用雕刻刀切割，就形成了这件肌理效果。（右下图）

3.1 材料的艺术渊源

综合材料是众多现代艺术创作共有的特征。从立体主义、达达派，再到波普运动，改变着人们的艺术创作观念和对加速综合材料的运用起到推波助澜的作用。毕加索的观念打破了西方模仿现实的习惯，改变了人们创作观念，把人们引入到一个更加自由的创作领地，各种艺术流派在毕加索的视觉艺术上拓展或演变着。杜尚把他的作品拿到展厅，一石激起千层浪，改变着人们理想的视觉观念，刺激着传统艺术的发展，推进着西方艺术的进程，建立着艺术主张的新天地，颠覆了艺术本身文化内涵和理念，就连现实生活中的现成品都可随意作为材料信手拈来用于艺术创作。这些艺术的变革不仅打破传统意义上的艺术界限，也冲击着后现代艺术诸多流派和艺术形式。杜尚对艺术的影响已经是一场思想上的革命。（图1-55~图1-59）

立体主义（Cubism）是西方现代艺术史上的一个运动和流派，1908年始于法国。立体主义的艺术家追求碎裂、解析、重新组合的形式，形成分离的画面——以许多组合的碎片形态为艺术家们所要展现的目标。艺术家从多种角度来描写对象物，将其置于同一个画面之中，以此来表达对象物最为完整的形象。物体的各个角度交错叠放造成了许多垂直与平行的线条和角度，散乱的阴影使立体主义的画面没有传统西方绘画的透视法造成的三维空间感觉。背景与画面的主题交互穿插，让立体主义的画面创造出一个二维空间的绘画特色。

达达主义艺术运动是1916年至1923年间出现于法国、德国和瑞士的一种艺术流派。达达主义是一种无政府主义的艺术运动，它试图通过废除传统的文化和美学形式发现真正的现实。达达主义由一群年轻的艺术家和反战人士领导，他们通过反美学的作品和抗议活动表达了他们对资产阶级价值观和第一次世界大战的绝望。

波普风格又称流行风格，它代表着20世纪60年代工业设计追求形式上的异化及娱乐化的表现主义倾向。从设计上来说，波普风格并不是一种单纯的一致性的风格，而是多种风格的混杂。它追求大众化的、通俗的趣味，反对现代主义自命不凡的清高。在设计中，强调新奇与奇特，并大胆采用艳俗的色彩，给人眼前一亮和耳目一新的感觉。

▣ **图1-55 群（金百洋 金彦秀）** 该作品使用的材料是铝箔，但呈现出的感觉是很现代的。这件作品是材料使用与演变后才有这样视觉。创作意识明显地受当代艺术家及现代观念的影响。（左下图）

▣ **图1-56 纸雕塑（天津 纸艺术跨年展）** 作品是件纸雕。材料赋予新的创作理念后，已经改变了它固有的属性。（右下图）

图1-57　展示装置　作品是展示装置作品。很有靓丽的现代感及展示的魅力。除这些视觉感官外，材料的现代性也给作品很时尚的感觉。（左上图）

图1-58　综合材料（韩国　光州双年展作品）　是韩国光州双年展中的一件装置壁画作品。本作品是把生活中人们经常用到的产品与创作形式、艺术观念结合，重新演绎，很有当代的意蕴。一眼即可看出是接受西方后现代思潮诸多影响的作品。（右上图）

图1-59　涌——综合装置（北京双年展作品　何强）　是北京双年展中的一件装置作品。它把现实中信手拈来的一些生活场景，与人们经常接触和思考以及不解的问题，通过材料的塑造重组装置后，形成了艺术思考或对观念的发问，提供给人们重新思考。

3.2 材料升位

材料的升位是指材料在艺术创作中的地位。如今材料作为艺术创作的主要载体，其位置已经是艺术创作的主体，并在艺术创作的过程中被广泛地运用。从现代一系列艺术运动中，人们对创作中观念在认识理解的同时也对材料的运用十分关注。尽管各艺术流派及艺术主张、观念存在着差异，但人们对综合材料在创作中的关注与探索始终没有改变，并越来越被艺术家所重视与采纳，在艺术创作中广泛运用。通过运用来得到一种对材料新的认知和艺术表现的认可，样式手段的翻新。通过这些手段的改变，人们认识上改变了以往在传统的艺术样式上对材料的隶属关系及地位束缚，给艺术创作提供了更广泛的创作空间，也给艺术创作带来了开拓性的思维与无拘无束的自由，传统、现代同步相互的嫁接，使艺术的多样性，思维的广阔性，材料的位置与地位凸显出来。（图1-60~图1-69）

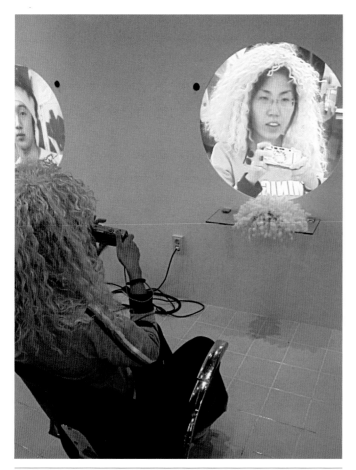

🔲 **图1-60 理发店——综合装置** 这是韩国光州双年展上一件装置与行为作品，主题是理发店。创意是怀旧童年理发时的那种感觉。这个店内的主人，把记忆中的店用理发椅，被剪过的各种头饰及理发过程中用的镜子，都一一放在理发店里，当观者进入这个理发店时，每人都会情不自禁地用店中的头饰（即材料），把自己装扮成被理发的人。

通过这个经历我们就不难看出，人们视觉的注意力不是集中在理发过程的本身，而是被房间中头饰的材料所吸引。

材料在理发店变成作品的主体，材料升位，是由宾入主的很好实例。通过这件作品可看出现代意识观念的移入，使创作方式在无穷地改变。

🔲 **图1-61 鼓——影像装置（韩国 光州双年展作品）** 该作品表面上看它的视觉结构是韩国具有民族意蕴的作品，是群众喜爱的载歌载舞时表演的敲打古琴，材料结构的运用是传统的。可是再从作品局部影像材料组合的运用来看，那种传统意味的古琴意蕴荡然无存，给我们更多的是材料利用上的现代魅力。更能体现传统意义下现代穿梭及情感的怀念。这是件很能说明传统意蕴过渡到以材料为主变换的案例。

图1-62 木质材料
（韩国全北大学学生作
品） 这是学生的课堂
实验性作品。实验内
容是选用木质材料来
构成创作媒介主题，
达到材料与主题的结
合性研究的目的。（上
图）

图1-63 金属与化学材料（金彦秀） 这是导
师与学生互动作品。导师把创作的想法和材料
交给学生，由学生来完成课堂实验的项目。

图1-64 铜锻造材料（韩国全北大学学生作
品） 这是研究生在学习期间用铜与工艺结合
创作的实验性作品。（右中图）

图1-65 螺母焊接（韩国全北大学学生作
品） 是材料如何利用的课程。作品是由螺母
组成。但材料如何恰到好处地运用是课堂实
验的主要内容。（右下图）

■ **图1-66 图钉材料（肖军工作室作品）** 彩色按钉材料组合，凸显色彩的肌理。

■ **图1-67 纤维材料（肖军工作室作品）** 选择口罩作为材料，思维在扩大。

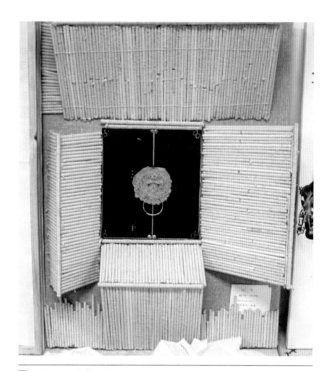

■ **图1-68 纤维材料（肖军工作室作品）** 线材料的集结，思维多样。

■ **图1-69 皮制品（肖军工作室作品）** 皮革材料，突出材质的属性。

3.3 材料与各艺术门类

材料是各种艺术门类创作中必不可少的元素，它如同各艺术门类创作中其他元素一样作用是十分重要的。各艺术门类越来越习惯于借助材料的特性展现艺术思维，表达情绪，寄情抒怀，就如同创作中需要艺术的灵魂表现精神一样，它同样借助这一物质载体传达人类社会的文化、艺术和精神。由于材料多样性特征，使得各艺术门类的表现形式丰富多彩。各艺术门类互为沟通，在艺术的传播中交流融合。

图1-66~图1-69的作品是肖军工作室的学生作品。

课程形式：实验课。

课程内容：运用各种方式对材料研究与探索。

实验手段：探索材料在作品中的位置，突出材料在创作中的作用。

实验结果：通过以上课堂实验，使学生的思维发生变化，感悟材料在现今的艺术创作中的地位和作用以及重要性，为今后学生设计与创作，更好地认识材料、选择材料、运用材料做铺垫，积累实践经验提供机缘。同时，通过这门课的实验也从教学的角度，对教学的方式提出发问。

是材料的发展把我们推向一个崭新的时代，标志着科技能力发展到一定的高度。在创作中不管用什么样的材料与技术的结合，其目的都是实现我们的构想，最终创作出具有品位的作品。设计中只有合理地使用材料，才能保证设计的完美与实现。

这就需要我们在创作中认真深思熟虑，才不会有错误或者是疏忽出现，才能正确理解和付诸对材料设计想法的实现。只有这样，我们的创作不仅能产生出优秀的作品，也能造就一流的设计师。（图1-70~图1-73）

□ **图1-70 材料与技术（韩国市民会馆门前作品）** 这件综合材料作品运用得很有特性。把材料演绎得十分有创意。材料已经成为创作的主体。

□ **图1-71 剪纸艺术与设计结合（天津工业大学学生课堂作品）** 这是研究各艺术门类的相互衔接的实验。作品把传统的剪纸艺术与实用的家居结合，故意把两种材料相互碰撞。

□ **图1-72 木质材料（韩国 李孝文）** 该作品是传统材料作品，但作者在创作中融入木雕与装置等艺术门类的元素与痕迹。

◘ **图1-73 练歌房门脸——多种材料组合（韩国）** 是韩国的一个练歌房的门脸。这个门脸的整个装饰造型，融入了建筑设计、动画、音乐等多种艺术门类的创作元素，呈现出以多种元素及材料处理的组合艺术形式，有种耳目一新之感。

4 作业

一、把材料由原来隶属于创作后台起辅助作用的，如何搬到前台做主角？

二、参阅国内外材料直接作为艺术品的案例，与选择的实际案例进行转换，在转换的过程中写出一篇关于转换的论文，解读自己这件转换作品的来龙去脉与材料的关系，如何放大视觉。

步骤：

1. 阅读大量的关于材料方面的参考书籍；
2. 选择项目；
3. 制定项目方案；
4. 作品效果图；
5. 实际作品；
6. 论文写作。

5 结语

本章让学生了解什么是材料，材料的地位与艺术创作的关系，材料的过去与现在。

并从本章一开始就列举大量案例来说明材料在艺术创作中的重要性、之间的连带关系、所处的位置以及材料艺术最简单的表现方式。

本章重点：材料感知。

本章难点：材料如何认知，理解，并转化为艺术创作。

建议课时：10课时。

第 2 章　视觉魔力

1 概述

材料经过艺术家雕琢后，一改由原来静默坐观没有活力的物理性能，而呈现出有着生命、充满着魔力般活力的视觉可感性元素。材料之所以具有这么强的视觉力量，是可视性的缘故。由于材料物理性能呈现出的形状、大小、色彩等视觉元素，正是艺术创作中所需要的可视性元素，这就给艺术创作提供了更多的机缘。除此之外，材料还提供给创作更多的可触感性的肌理效应，如冷热、干湿、软硬、动静、光滑、滞涩等。这些触感元素为艺术创作多元性提供了更多的创作空间。另一方面，视觉上可视性能和材料中的物理现象，通过材料自身与材料间的组合，反映艺术创作中人们心理上的情绪。通过这些心理上的情绪感觉到材料中具有鲜活与死亡、苍凉与希望、轻柔与沉重、缥缈与笨拙、粗糙与纤细、跳动与静止。所以，艺术家也越来越重视材料不管是物理形态或是心理形态语汇的表达。通过人与材料间的交流与沟通，体验与创造，发掘与实践，认识材料的美感，合理地利用与发挥材料功能，通过这些现象来体现艺术设计的水准，也关系到人们感悟材料对创作魅力与视觉张力的多少。（图2-1~图2-3）

■ **图2-1　铝箔材料（金彦秀 金百洋作品）**

■ **图2-2　布制品（金彦秀指导）** 作品使用的材料是棉布，经过复杂的工艺与切割连接后，与各种造型形态的组合辉映，突显材料传导给人们心理上异样的感受。

其实是材料与人内心共同体验与创作的实践过程，是培养学生对材料的认知，是让学生在材料、形式、心境三者共同创作与结合的实践。

2 艺术形式

艺术形式，一是材料本身的形式，也就是材料的种类给艺术提供的形式。如，塑料与玻璃材质的不同，形式自然也不可能雷同。塑料给人以柔软可塑性较强和坚固的质感；而玻璃给人华丽光鲜、易脆易碎之感。材料不同，呈现的形式感也截然不同。另一种形式是材料在加工或创作中，形态变异的差别，导致形式感觉也是多样的。材料发展的日新月异，高科技作用下的新材料创造与人创作形态的多样与样式的无穷尽，再加上人们创作意识的繁多与不择手段，呈现给人们的艺术形式更是千变万化、无穷无尽、目不暇接的。（图2-4~图2-8）

🔘 **图2-3 陶板壁画（天津美院学生作品）** 材料使用的是陶板绘色。首先制作陶板，根据画面的需要，事先设计好大小、形状、高低及画面中材料肌理、甜涩等形式的变化，再绘色，烧制而成。通过制作过程的变化，来表现材料在艺术创作中的形式与视觉的冲击力。

🔘 **图2-4 纸与麻——感悟（天津工业大学学生作品）** 纸与麻是定向实验指定运用的材料作品——局限性很强的试验活动。麻做背景有蓬松之感，碗用麻再造后麻的特性被改变，碗具有瓷性之感。锻炼学生在特定材料下，来改变材料的局限性，再造新的艺术表现形式。

🔘 **图2-5 木质家具（天津工业大学学生作品）** 椅子是木质材料，可塑性强，这就给学生在实践中，实现预想风格机会增多。

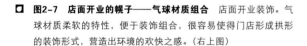
图2-6　玻璃装饰　这件是法国卢浮宫金字塔作品。作品形式很强，但形式魅力不在于艺术的本身，是材料中传达给人的艺术感染力。材料特性决定了这个装饰物的艺术形式。

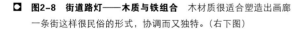
图2-7　店面开业的幌子——气球材质组合　店面开业装饰。气球材质柔软的特性，便于装饰组合，很容易使得门店形成拱形的装饰形式，营造出环境的欢快之感。（右上图）

图2-8　街道路灯——木质与铁组合　木材质很适合塑造出画廊一条街这样很民俗的形式，协调而又独特。（右下图）

2.1　材料魅力

传统材料在设计中的应用魅力是无穷的，这种魅力就是从材料的形式中体现出来的。就我们日常生活中的家具来说，从传统的木质材料、藤制材料，到装饰性材料的棉麻，再到现代各种金属材料利用与转换，表面上看像是材料上的功能性换位，实质上是每一种材料变化无不体现出艺术形式的转变。材料的改变表面上是功能的舒适度的提升与变化，实质是对于人无论是心理功能还是触觉功能的改变。每一种材料的应用对于我们的感观都是不一样的，而这种改变更多的是给人以形式上的选择。（图2-9、图2-10）

图2-9　街景广告　这件作品材料的选择很随意，但很独特。放置在这样的一个街景的环境中，随意但意境不随便，不仅给人新颖的设计感，也提升了人们对设计形式的再理解。

图2-10　玻璃与金属组合的作品（天津美术学院学生作品）　玻璃材料在作品的创作中起主打作用。玻璃材质的本身就很容易给人以视觉冲击力。作品再配以有规律的线性质地坚硬的材料组合，很有艺术特点。

2.2 视觉张力

在利用材料艺术活动时，人们被作品中存在的各种外形元素如构图、色彩、形式美感所吸引。特别在人们广为利用材料的时代，留给人们视觉上深刻印象的不仅仅是材料的外形，更多的是材料内在的力量。它传达作用于人们心理活动产生出的一些反映——延续、收缩、膨胀、外射、旋转等由"外"冲击"内"的心理因素。这些视觉张力表面上看感觉好像是来自于形的外部，而实质上是作用于人的内部（图2-11）。也就是说，在我们对视觉形状的感知中却蕴藏着形状产生出的视觉语言上表现的力。这种力的出现是由一定方向的倾向性，或聚集、或散发、或倾斜的视觉力。这种现象的力其实不是形状物理的力，而是视觉上心理的力，是讲述事件的倾向性，而不是事件的存在。这就是利用材料提供给我们的"视觉张力"。（图2-12~图2-19）

图2-16、图2-17这两件作品是韩国室内装饰很有视觉张力的范例作品，有种与众不同之感。它最大的特点是利用传统的元素，而且现代社会已经不可能再用的劳动工具（我们看做是材料），来装饰室内空间，不仅显示材料的魅力，同时也给人以传统文化的震撼力，很吸引人们的眼球。

◘ 图2-11 作品有很强的视觉膨胀力
（天津工业大学学生作品） 作品通过（玻璃钢）材料在视觉形状大小的收缩与膨胀过程中的转换，来强调心里的视觉撞击力。

■ 图2-12 作品有重复增强积聚的视觉
效果（天津工业大学学生作品） 这是
线网兜与充气胶皮材料组合的作品。该
作品中材料形成的视觉（球）重复，增
强了作品传达的视觉效果。

■ 图2-13 材料的利用——有机玻璃 有移
动漂浮的特性（天津工业大学学生作品）

■ 图2-14 饭店的招牌——树脂材料等
图为韩国一个饭店的招贴。用材料制作庞
大逼真的海产品模型，在视觉上给人以外
射膨胀震撼力。

■ 图2-15 高科技装置（北京 设计就是生产力展览作品 ）作品选择现代材料运用高科技成型制作手段，所形成的艺术形式，由内向外冲击之感，具有非常独特的视觉感受。

■ 图2-16 饭店墙面传统装饰物（韩国）

■ 图2-17 饭店用各种装饰物装饰（韩国）

■ 图2-18 家具（韩国全北大学学生作品） 是阶段性实验作品。课程实验内容是如何运用材料创建现代形式的视觉感。

■ 图2-19 建筑模型（韩国学生作品） 课堂实验作品。作品材料是选择最简单的纸，做出的复杂作品。作品工艺形式是实验的目的。

◘ 图2-20 彩色颜色手绘作品（天津工业大学学生作品） 本作品的视觉感观具有很新的创意性。同样是传统的材料与绘画手段，但视觉感观却与传统的表现不同。

2.3 创意表现

创意表现对于创作来说是至关重要的，人们通过各种方式方法和表现形式创造出多样化的风格，来表现人们想要表达的意愿与意图，以此来满足人们在视觉上的需求。所以，创意表现其目的就是创造出多样化的形式。而多样化的形式是多样的，我们只能是以点带面，推出创意表现有代表性的点，通过点来加以引导人们对创意表现的理解，启发人们的思维，下面是几种创意表现的方式。（图2-20、图2-21）

2.3.1 形式定位

我们创作习惯于两种定位，即具象与抽象。具象的定位是围绕在具象表现形式上做文章。也就是从具象的形式中如何从深度和广度上来组合具象表现的形式定位。正确的有表现力或独到的诠释定位是通过形式的定位来反映文化的内涵，并与传统文化的传承、材料的选择与使用、创作的方式等巧妙地融合。抽象形式的定位，就是对事物的某一个感兴趣或想要表达的某一部分抽离后，作为创作理念来表现，或材料具有特征的部分挑选出来作为形式来表现。还可以从要表现的空间形式或空间秩序中提取符合需要的、合乎情理的部分，或非情理中的部分来表现的方式。（图2-22~图2-24）

☑ **图2-21 传统饭店陶瓷材料的装饰（韩国）** 该作品是传统饭店的一个外景，在现今材料丰盛的时代，它还用传统材料木质与陶瓷，由于与现代的环境视觉的不同，突显不同，给人视觉上很有创意感。

☑ **图2-22 瓦当的具象抽取，定位在传统形式上** 瓦当是建筑材料中的一个元素，就其本身有传统的形式感，如果用在建筑的装饰上，它会传达给人很传统的意味。所以，瓦当的材料使用，需定位在传统意味的装饰上。

☑ **图2-23 脱谷机很具有传统的含义** 脱谷机作为装饰材料的一个元素，形态本身就有传统的寓意。如果用在装饰上，更增加了这个脱谷机的民俗意味。

☑ **图2-24 门脸传统定位** 门脸（木质材料）上的形式组合，诠释着独到传统的定位。艺术形式是创作的主要部分。没有好的艺术形式，就不可能唤起人们的视觉欲望，所以形式在现今的创作中越显突出。（右图）

2.3.2 破坏重建

所谓的破坏，就是将原有的形态打乱重建。重建一种新的形态来满足人们在视觉上的需求，是为我们创作提供更多的创新机会。我们在对某一形态通过裂变分解后，使原来的形态发生改变，不再有原来的形态意义，再按照人们的需要建立新的秩序，也就是创建新的组合。与此同时，新的形式美感或新的意境美也就由此诞生，这就是破坏重建。重建的形态更具有视觉的冲击力，比原来的形态带给人们更多的视觉体验。新材料的兴起，使人们更加喜欢利用新兴材料体验破坏重组的快感，同时也带给人们无穷尽的形态创作遐想空间与机会。（图2-25）

2.3.3 巧妙同构

巧妙同构就是将两个不同质体的材料相互衔接，合二为一。但并不是简单地将两个不同材料体合并，并排单独存在，而是形成相互作用、协调、统一，具有创意价值的新形态的材料。这种巧妙的材料形态的结合，是建立在具有独到视觉语言的材料新形态，并使人们思维产生更多的遐想。其实，这种异质同构是巧妙地利用"打乱重组"的观念，建立新的形态，让人们更加关注对形态同构的自然合理和相互统一的认识。其目的是让人们更加关注美的理念，同时，也是关注异质材料间矛盾的自然衔接的合理性，造成视觉上以其超强的感官去冲击人们视野。（图2-26）

❏ **图2-25　借用传统的元素重组——别具风格的传统特性的装饰（韩国）** 中门、窗、缸、农具都是传统的造型元素，把这些单体元素重新借用集结后重组在一个空间中，视觉上能更强调传统的意蕴之感。

❏ **图2-26　金属材料巧妙的重复使用制作（学生作品局部）**

2.3.4 重复并置

重复并置是将形态反复出现。在我们的艺术创作中为了强化表现形态，往往采取重复、并置、系列等表现手法，其目的是引起人们对要表现形态的注意，突出要表现的主题。比如，将一定数量同一颜色基调，或相同装饰元素，或同一材料秩序化、规律化、合理化的组合，是强调形态或主题的重要性和丰富性，是为了凸显创新性的形态或主题、内涵。具有节奏韵律感的形态或主题的出现，强化了主题和加强了表现的意蕴。（图2-27）

2.3.5 堆砌憨傻

堆砌表现与重复有些相似的地方（有重复的意蕴）——是将形态或材料堆置在一起的意思。但堆砌表现与重复不同的地方是，它堆砌的东西有可能是同一形态，也可以是不同的形态。堆砌可以是规律的状态，也可是无规律的状态。人们运用这种堆砌的手段，是起到强调或突出形态主题的作用。在材料的今天，我们合理运用、巧妙使用堆砌的方式将会造成视觉新的不同的或带点"憨"但不"傻"的形式，满足人们视觉上的需要。（图2-28、图2-29）

☑ **图2-27 重复同构（天津美术学院学生作品）** 通过课堂上对重复的训练，来理解重复的艺术形式。在这件作品中，有两点体现出重复的形式：一是手指的反复运用，二是手指上的那些缠绕的不同材质，都具有重复形式之感，强调形式的存在。（左上图）

☑ **图2-28 同一形态反复堆砌（广州三年展作品）** 作品中同样造型的眼镜，反复出现，强调创作者内心表现的意蕴。（左下图）

☑ **图2-29 重复与类似（韩国）** 作品中枕木与陶瓷罐反复出现，不仅强调空间之感，同时也给环境有种堆砌的憨厚之感。（右图下）

2.4 工艺与技术

在材料的艺术设计中，材料的工艺是表现作品艺术风格的一种重要部分。而作品中材料的种类不同决定着材料加工的工艺和方式方法也不同。通俗地说，金属与木质材料加工，是两个截然不同的工艺与技术，艺术风格也自然产生不一样的效果。就木质品而言，通过什么样的技术也很难达到金属不锈钢光亮折射的感觉，即使通过高科技的手段表面上达到想要的效果，但它质量的沉重之感怎么做也是做不出来的。所以，我们在作品选择表现的对象材料时，要选择与之要表现的对象相对应的材料。材料的工艺与技术决定了材料本身的特质。比如：金属加工是通过锻造、浇筑成型、退火或淬火等工艺，或通过各种技术上的切割、车床加工等技术手段完成需要的工艺，或通过冲压等工艺来达到要表现的作品的形状与功能。木工艺，通过锯、刨、凿、钉、榫接等工艺完成需要的作品形状。纤维就要通过纺、捻、缝、编等工艺混搭来完成需要的作品的效果。这就说明人与技术是对应的关系，在这对应的关系中，人是主动的，技术是被动的；一种是改造，另一种是被改造的关系。面对技术而言，人对自然界是起着一种主动性变革的作用。技术与人的关系中，自然界任何东西都是按照人旨意下的技术来完成的。（图2-30~图2-32）

🄳 **图2-30 突显材料工艺的魅力（广州三年展作品 瑞士 克桑·郎达）** 这件作品，视觉的第一感观是技术与科技性结合的作品。该作品选用的是能够把某种或硬或软的纤维线，通过特定的技术，采用编织的工艺，把创作者想要表达的形式，通过技术层面把它创作出来。

🄳 **图2-31 材料工艺很独到（艺术北京）** 这件作品是用硬线编织或缝合塑造出的作品。形式感十分新颖。具有真实摩托的造型，又有别于摩托那种强悍的触感。如果这件作品没有依托科技或技术参加互动，这种视觉超新之感是很难做到的。

图2-32 画廊门脸（798创意广场） 这件作品材料是透明彩色有机玻璃。材料的选择、色彩的表现与众不同，很有创意感。视觉感观别具匠心。

作品工艺虽然技术感不是很明显，但是，作品贵在它并不按部就班，非得要有技术。

在现在的艺术创作中，创作思维不按规律，是常有的事，因此，才有多样的艺术形式。

这件作品根据材料的特性，完全可以把创作的技术性用于作品中，可他另辟蹊径，不按常理出牌，这就是作品高明之处。

创作多样性的理念改变，就是因为前者的实践经验积累，才使后者有更多丰富经验可用。

几种广泛使用的加工技术：

（1）雕琢——是广泛使用的一种实用性造型技术。这种方法是利用刀或其他的锐利器具，与要加工或打磨材料施于外力共同完成，达到需要的造型，有塑造之感。

（2）焊接——就是将两种材料，或两种造型物通过高温粘接固定到一起。这里主要是指金属材料。焊接有两种方式：一种是电焊，一种是气焊。其是利用合成手段，铸造与模压技术，是非常便利的常用加工工艺手段。随着技术不断的发展与采用高科技的手段，这种铸造与压膜的焊接技术不仅使用的范围扩大，焊接的精细程度也逐年提高。

（3）锻造——主要是使用金属材料，通过高温敲打，使金属材料延展到需要的程度。多用于金属的板材上。它是在金属板材上通过冲击发生物理性的变化，使平展的板材变得具有空间感和立体起伏之感。

（4）编织——是将材料通过编织结合到一起，形成有规律的编排。编织材料种类也很多，常用的植物类材料有棉、麻、棕、藤、竹、柳、草等。还有用动物类的毛和人造材料如玻璃、金属、塑料等。这些材料经过加工后用在编织上，会形成多样种类的编织产品或艺术品。

（5）捆绑——是将两个以上的物件经过捆绑和钻孔，使之相互连接或固定，形成符合设计要求的技术手段。

（6）模压——是将需要的材料放在事先设计好的模子内，经过重力冲压，产生新的造型技术手段。

（7）合成——是将材料通过连接方式或各种合成技术，存放在同一空间里，产生出新的造型。连接的方式可以单个材料连接，也可多个，或材料融为一体。连接的方式可以是物理连接，也可以化学连接，方式多种多样，技术种类十分广泛。

（8）粘贴——是将各种物体通过黏结剂连接在一起。黏接剂的种类繁多，常用的有环氧树脂、建筑胶及水泥等。是将相同的材料或相异的材料粘贴或固定，形成新的造型样式。

（9）吹塑——是在塑料加工中的一种工艺。就是通过塑料在一个模具中充气。吹塑的好处是可将作品制作成非常精细的程度。

（10）轮压——就是通过机器的轮压产生出的非常薄的材料。

我们面对材料进行艺术创作时，材料的性能不同，其选择技术的方法也不同。比如面对坚硬而又脆弱的材料时，我们可选精细加工，雕琢或打磨等方式，这不仅通过技术能表现出精细之感，更能反映出材质本身的特性与美观效果。松软的材质相反，应采取粗雕，尽量露出材质本身特性，传达给人的感觉是豪放与力量之感。再说，也不可能将它雕琢出精细之感。所以设计要采取选择相对应的材质，这样才能达到需要的效果。

其实在我们生产和运用材料的过程中会产生多种加工技术，这些技术都是通过在劳动中对材料的特性不断实验后认识产生的，也是在生产或制作作品的过程中不断更新产生的。这些技术在创作中发挥着作用，使我们的创作能够达到无所不能。（图2-33~图2-41）

■ **图2-33 不锈钢材质作品（天津工业大学学生作品）** 由于不锈钢具有光亮的特质，我们在选择它用于创作时，多选抽象表现的作品来使用是明智之举。这主要还是由于抽象作品呈现出概括、简洁、流动和具有现代之感的缘故。当然，不锈钢也可和其他的材料结合更会有独到的材质特点。玉石因材质适于精雕细刻，所以适于具象、写实，表现力强的作品来完成。各种石材、木材、金属等因材质的不同，采取加工的手段应是不同，所以外观上的差异也大，在设计的时候要考虑选择材质与作品对应的关系。

■ **图2-34 木质材料（西班牙马诺罗·瓦尔德斯）** 作品是西班牙艺术家的雕塑作品。他选择的材料是可塑可造的木质材料，这样便于塑造雕琢。他的作品憨厚大气，有刀劈斧砍之气。（下左图）

■ **图2-35 铁丝材料（西班牙马诺罗·瓦尔德斯）** 这件作品运用焊接、锻造等技术，创造性地把作品中具有抽象造型的含义，表现出创意之感。（下右图）

图2-36~图2-38这几件作品不尽相同，所选择制作方式也不同，图2-36这件作品是直接把草的材料搬到展览场地，几乎是不加任何调制，有点装置的感觉。尽管这样，作品传达出人们内涵的东西还是很多，值得我们对材料的思考。

图2-37、图2-38作品是西班牙艺术家马诺罗·瓦尔德斯作品，材质与艺术家的表现手法给人视觉的感觉非常大气。技术的含量不大，但创意很强。

图2-39~图2-41是布面粘贴与绘画结合的作品，在制作工艺上，是材料作品中经常见到并使用的技术。其实很简单，就是把选择好的布面通过形式的需要粘贴在木板上或画布上，再加以绘制，突出主题即可。

前面已经讲到，任何一件作品的存在是需要材料通过技术衔接与组合，即工艺。材料不同其工艺也不尽相同。工艺在材料的组合过程中是十分重要的。技术的不同呈现的形式也会有所差异，还会出现不同的肌理效果。

▲ 图2-36 堆砌的材料（艺术北京展）

▲ 图2-37 布粘贴材料（西班牙 马诺罗·瓦尔德斯）

▲ 图2-38 金属丝材料（西班牙 马诺罗·瓦尔德斯）

■ **图2-40 布与绘画（金百洋作品）** 作品是选用厚涂刮出需要的肌理。

■ **图2-41 布与绘画（金百洋作品）** 作品是用细细的沙子做出肌理，便于涂色时出现想要的肌理，将剪出需要的图形粘贴在画布上成为作品。

■ **图2-39 布与绘画（金百洋作品）** 作品采用的是熏烧粘贴的工艺。

■ **图2-42 金属材料（北京双年展作品）** 这件金属材料作品，与其他的作品不同。作品的重点不是在技术与工艺的含量，而是创意的想法（是把技术与工艺降至零点）。假如把它也看做是技术与工艺的话，那就是"创意"的技术与工艺。

3 视觉多元

经济腾飞带来了新材料、新技术不断的快速发展，促使人们生活方式与追求也发生着巨大的改变，艺术的种类也随着新技术、新材料的发展与人们的需求与时俱进，花样繁多。这就给艺术家提供了一个很大的创作空间。人们不再为过去的吃饱穿暖而满足，而需要在精神层面上有更高的理想与追求。视觉上需要的是百花争艳，视觉多样；创作需要更多的表现力。这就给艺术创作提出了更高的要求。由于艺术需要多元性，这就需要各类艺术家的积极参与，来推动视觉上的多元。

视觉多元就是差异，就是与众不同。用不同的差异维度更替，来形成艺术的多元。就是用艺术视觉（材料）上复杂性和内在的精神性，来体现艺术文化开放中的变化。（图2-42）

3.1 元素活性

元素（造型最基本材料）从造型的角度来说是构成艺术最基本的元素与形象符号。这些符号在自觉不自觉中传达着"意"的含义，也就是表现或延展"意"的含义。创作需要这些元素的参与；视觉需要这些直观的元素造型；需要这些元素表现的内涵和阐释，需要直观的造型表现更多的外延；从而达到美学意义上的审美境界，满足人们多样性的需求。所以元素的积极（活泼）参与是至关重要的。有特点的多样性元素在创作中的变化与使用是非常需要的。而产生元素的过程，需要思维的参与。思维是推动元素发展和变化的根本。如图2-43~图2-45这三幅作品对材料新的阐释之"意"不在材料的本身，是想重新诠释材料。

当今人们为了扩展更广泛的创作空间，满足人们的视觉多元需要，才把材料提升为创作主体媒介，并延伸，是为了开启多样化的创作思路。

◘ 图2-43 行为与材料——时刻准备着（张慧作品） 这件作品创作最基本的元素即视觉的感觉材料是"商业柜台"。其创作者想要的"意"不是元素材料的本身，其"意"已远超元素材料意境的本身，这就是现今人们需要那种意境的材料。

◘ 图2-44 纸材料（吕胜中作品） 作品中的元素材料是用纸雕刻的小红孩造型，在画面中反复出现，有强调之意。其实，他强调的不是元素，更不是材料，是他内心中"传意"元素"材料"的意境元素。

图2-45　金属喷涂材料——如何成为失败者（邱志杰作品） 这件橡胶材料作品，从视觉的感观，给人以"更多"的"延展"元素，即"材料"（元素）。

3.2 样式无穷

在数学函数里，"无穷"就是在自变量的某个变化过程中绝对值无限增大的变量或函数，是无穷大的意思。在艺术的创作中，无穷和数学概念是一样的，也是表现无穷的意思。其实，我们的思维稍微的转变便知无穷就是样式变化是无穷无尽的意思。在多元文化的国度里，艺术的创作需要艺术的多样性。就拿艺术审美来说，其本身就能衍生出多种多样的审美样式，如审美理想、审美情趣、审美情感、审美经验等。而这些理想、情趣、情感、经验注入人的经历与理解的不同，还会变出更多样的审美样式。这些强调主观情思的多样性，推导出千差万别的多样化的状态是无穷尽的。再拿形式多样性来说，形式的组合需要利用元素中的点、线、面、形体、肌理、笔触、痕迹等这些视觉语言、形式符号来构建，但结合的时候方式方法不同，形式就会不同，种类就会无穷。情感中的直线有阳刚之美，但线的粗细不同传达情感也就不同，粗线有浑厚之美，而细线有纤细之柔。再比如，红色表示热情，绿色表示健康，蓝色表示冷静，紫色表示神秘，黑色表示高贵。但红色还有辣之感，绿色有安静之感，蓝色有广阔

之感，紫色有女性之感，黑色有恐怖之感。这些感觉是随着人的情绪的变化而发生着变化，我们就是利用这些变化来创作或满足人们多样性的需求。创作表现的形式与手法不同，关注的点位不同，创作的形式就会不同。在美术史上，各种风格流派的多样性是依据表现形式来决定的。多样性的视觉语言依据于表现语言的多样性，反之，艺术表现形式多样性也决定艺术的多样性。综上所言，创作语言变化多样，对于我们这本书主要研究的对象材料而言，也和其他样式的组合与变化是一样的。组合的不同，样式就不同，衍生的样式就会是多样的，变化就会是无穷无尽的。所以在创作中样式也会是多元的，而人们的审美更是需要多元化的样式。图2-46~图2-48这几件作品是中韩学生作品，作品均用铁质材料制作。材料相同但风格却不同，这说明材料要与创作中寓意结合。这种结合是全方位的多元，视觉才多元。

这组中韩学生作品中韩国制作的作品风格比较现代，而中国的学生制作的作品就比较传统，风格各异，元素表现都淋漓致。

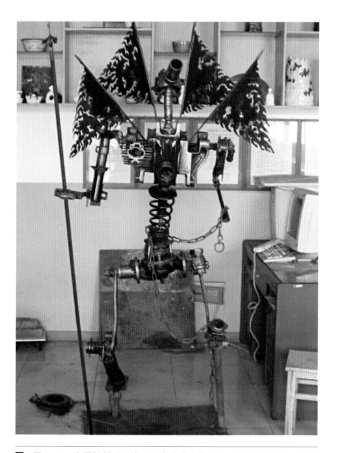

❏ **图2-46 金属材料（天津工业大学学生作品）** 这件作品表面上看是十足的材料作品，但其中线面元素，早已把材料转换了。作品通过实验者内心中想要表现之意显露出来，把材料上升为传达丰富之意的作用。

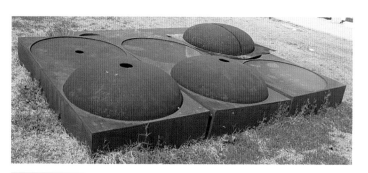

❏ **图2-47 金属材料（韩国 朝鲜大学学生作品）** 这件作品把造型元素上多样化、材料多样化、制作技术多样化纳入他的创作中，这样，创作的作品才有滋有味。

❏ **图2-48 金属材料（韩国 朝鲜大学学生作品）** 作品的创意之处不在于金属的线条，而是线组成的体面，加上立体之倒三角体的造型。其线金属材料更有视觉的动感之意，材料在作品中的意义凸显出来。

3.3 材料相互

材料有三方面的相互：一方面是材料间的相互；一方面是材料与创作元素相互；一方面是人与材料概念间的相互。材料间的相互，是各种材料相互间使用或者连接组合。材料的不同，相互组合样式就不同，呈现出花样也不同，组合的形态越多花样也越多，艺术效果越多样。我们在创作中，为了使艺术效果多样或多样变化，材料间的相互使用在创作中是很重要的。材料与创作元素的相互，是把材料与创作中的各种元素，如大、小、多、少等最基本的元素与材料组合。这里的"大小多少"是指相对于材料的状态是大还是小，是多还是少。材料的"大小多少"的不同，形态呈现出的样式也就不同。另外，长、短、曲、直元素与"大小多少"一样，不仅具有形状的状态不同和样式多样化，还有与形态相对应的心理反应。"长短曲直"的不同，形态形成的心理反应也是不同的，具有心理情感个性与材料的相互融合也就不同，其样式更是不同。人与材料概念间的相互，是说人的思维与想法对材料概念的认识。采取利用材料的主观意识不同，呈现的艺术形式也是不同的。如果选取、采用的思维反复多样，那呈现的表现样式更是多种多样。其实，就是思维的多样化，把思维与艺术的形式多样结合，最后用材料表现，就会呈现出繁多的样式。当今不仅材料的多样化，而且部分材料本身也具有视觉的冲击力或艺术新奇感的视觉，即材料的个性化。利用这些个性化材料的艺术处理，改变过去材料简单的单一化处理，讲究把材料自身的性能、品质推向极致，创造出更加丰富又有个性的材质语义。（图2-49、图2-50）

◘ **图2-49　陶瓷材料（韩国 光州设计双年展作品）** 这件作品首先是陶瓷与釉之间的配合；二是陶瓷与形态间的相互协调；三是人赋予陶瓷整体造型形式，人与陶瓷的共融。这就需要人们在设计中相互衔接，相互和谐，相互关照。这样，作品才耐看，才有味道。

其实这种相互关系，随着创作方式发生改变，形式、样式也会改变，会使创作更趋于多元化。（上图）

◘ **图2-50　树脂材料（韩国光州设计双年展作品）** 作品综合材料与形态的结合，材料的个性化更凸显出来。（下图）

3.4 思维激进

思维激进，就是在我们的艺术创作中思维超前，不按常规，打破固有的创作模式，去构建新的思维，其实就是创新思维。就是把思维创新带进我们的作品，呈现出与众不同的感觉，具有非同一般的艺术感染力。具体表现为，对艺术创作的前景做设想性的思考，或创作前的一些预测；之后，整理我们现实思维的发展方向，使思维更加条理化，规律化，前瞻化，对我们的设想更加有目的、有实施的计划和创作。

图2-51~图2-55是韩国环境艺术系学生课堂实验性作品。

训练内容是制作景观沙盘。要求学生在实验作品中，从内容、形式、材料找到属于自己的创意。

具体步骤：1．实验主题，打破常规，创造新思维。要求学生根据各自对环境的理解，确定创意方案，寻找自己的风格，不按常规走路。2．制作，材料衔接，统筹安排，调整。3．完成，见图所示。

■ 图2-53 胶合板材料

■ 图2-54 纸卡材料

■ 图2-51 纸卡材料

■ 图2-52 聚乙烯塑料与亚克力材料

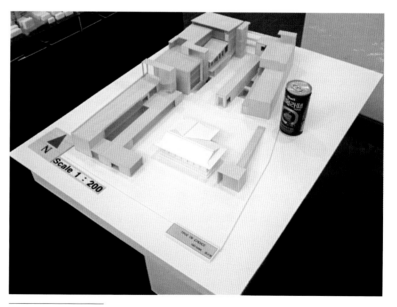

■ 图2-55 木质材料

4 作业

一、让学生选择艺术形式创作。

要求：

1. 选择对象；

2. 制作方案；

3. 制作作品，并写出作品整个的制作过程说明。

二、通过技术手段来锻炼学生的制作工艺水平。

要求：

1. 选择对象；

2. 制作方案；

3. 制作作品，并写出作品整个的制作过程说明。

5 结语

本章是从视觉的角度，开始引导学生在艺术设计领域内认识材料及材料与艺术的关系。并通过课堂实践过程，来培养学生如何运用材料，如何开拓学生的思维。在此基础上，让学生认识材料工艺在艺术创作中的作用和发挥，达到艺术与技术完美的结合。

本章重点：如何认识材料，如何运用材料，如何认识使用材料的工艺与技术。

本章难点：形式与技术的关系研究。

建议课时：10课时。

第 3 章　领域联姻

1 概述

艺术的种类是多样的，各艺术间有各自的门道和研究的领域，甚至有些门类是各自不相往来，尽管现在艺术发展已经进入了多元地带，但还是各有各自的领地。但艺术走到今天，互联与联姻，也就是各领域间要互通、互融、互相借鉴，是大势所趋，是发展的必然。（图3-1~图3-6）

在现今，艺术创作涉猎的领域繁多，方方面面，无所不包。就因如此，艺术从来没有像今天这么的繁荣、昌盛，相互包容。交流、互动是艺术门类的非常显著的特征，也为创作开辟了多元的途径。这与传统思维"老死不相往来"的迂腐观念形成了对比，历史已经把这一页翻走，揭开互动、互通、互融、互鉴联姻的新的一页。（图3-7~图3-10）

图3-2　汽车轮毂（橱窗作品） 这件作品是汽车店橱窗设计。汽车轮毂材料与展示设计联姻共同设计。

图3-3　塑料材料（北京双年展作品） 这件作品的艺术样式，是在饮料瓶材料（设计）的感发后创作的。

图3-1　复合材料（韩国 光州设计双年展作品）

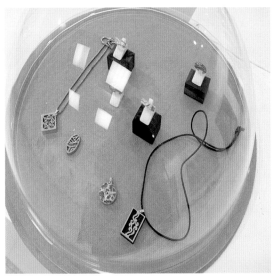

■ 图3-4　多种材料（韩国　光州设计双年展作品）　这幅作品是材料与科技联姻，可见材料（电子）用途的面是很宽广的。（左上图）

■ 图3-5　多种材料（韩国全北大学学生作品）　是韩国全北大学美术学科学生实验课作品。其中，作品通过材料表现首饰设计的精湛技艺。设计中的艺术形式多样，互相融合，借鉴，可看出形式间的相互影响。（左下图）

■ 图3-6　皮肤美容作品（韩国）　作品是韩国皮肤美容专业学生阶段课程展示。作品是通过美容专业"材料"与化妆设计互动，体现出材料与皮肤设计在本专业中的重要性，充分表现出材料在艺术创作中的作用。（右图）

■ **图3-7 不锈钢等材料（韩国 光州设计双年展作品）** 该作品由多种材料组合而成，突显各材料与各艺术设计在作品中的互通、互融。

■ **图3-8 颗粒喷涂材料（上海双年展作品）** 家具与一种类似颗粒的材料在作品的表面喷洒粘贴，显示两种设计的融合。

■ **图3-9 各种材料（韩国 光州设计双年展作品）** 直接把实用的日常需要的必需品拿来（材料设计），经过艺术家的构思与再造，重新释意，赋予它新的生命。

■ **图3-10 纤维材料（上海双年展作品）** 把T恤衫作为作品材料，重新构置，阐释内涵，演绎作品设计。

2 材料、环境

在我们的生活环境中，材料已经是无所不在，无所不用。特别是环境艺术，材料已经成为思想设计转化成作品的一个载体。材料在艺术的大环境下使用的范围已经十分广泛。不仅在公共艺术的创作中使用，在其他艺术门类的创作中用途也是十分广泛的，如在工业设计、环境与空间设计、平面视觉设计、广告策划设计、服装设计、综合艺术设计等。（图3-11～图3-17）

◘ **图3-11 环境材料——饭店一角** 这件作品是饭店的烤炉设计，在这个环境中不仅实用，也与环境设计十分融合，适于环境艺术设计。

◘ **图3-12 陶瓷材料（韩国 光州设计双年展作品）** 三件陶瓷作品放在展览的环境中十分协调，也凸显作品陶瓷材料的特质。（右上图）

◘ **图3-14 工业设计（南京三年展作品）** 作品中的材料其材质简单（综合材料），功能也不复杂，但设计者把这些材料重新注入创作艺术环境，改变了创作者的思维。（下图）

◘ **图3-13 金属材料（韩国 光州设计双年展作品）** 该作品具有艺术设计的特质（金属材料），如果放置在公共艺术的环境中很有公共的视觉感。（右下图）

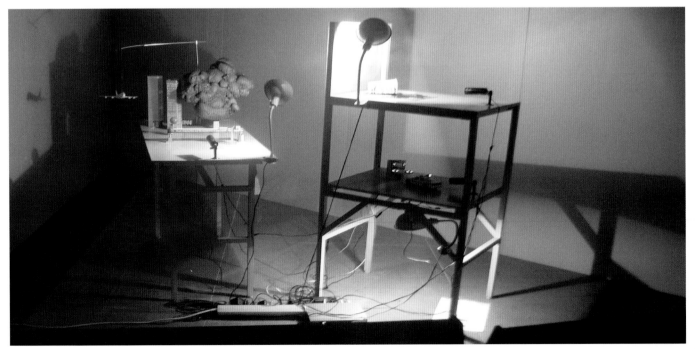

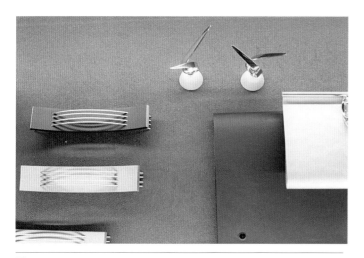

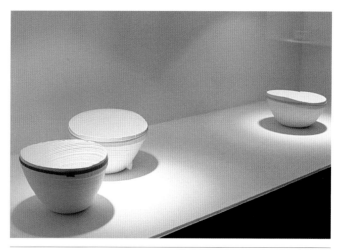

图3-15 不锈钢材料（韩国 光州设计双年展作品） 这件作品是属于工业产品设计，特别适于办公用。

图3-16 陶瓷材料（韩国 光州设计双年展作品） 作品适于批量生产，用于餐饮。

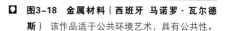

图3-17 木质材料（韩国全北大学学生作品） 作品适于放在家庭或者室内环境中。

图3-18 金属材料（西班牙 马诺罗·瓦尔德斯） 该作品适于公共环境艺术，具有公共性。

2.1 公共艺术

随着城市的建设，城市环境的美化，及人们的价值观和审美的需求，在城市建设中公共艺术凸显它的作用。而作为公共艺术创作环境中媒介材料的使用，又为公共艺术创作与城市建设和发展起着重要的作用。从大型的室内及户外雕塑、地标建筑、纪念碑、喷水池及建筑中的装饰品，再到公共设施中的小品，如，公共设施中的椅子、路标、塔台、栏杆、路灯、垃圾桶、交通站牌等，无不看到材料的堆砌，它发挥着材料传达给人的魅力。而公共艺术中的风格展现也是在材料的作用下呈现的。（图3-18~图3-24）

◘ **图3-21 法国卢浮宫地标建筑——玻璃金属材料** 卢浮宫金字塔是非常典型的公共艺术作品。

◘ **图3-22 纪念碑——浮雕** 天安门人民英雄纪念碑作品（浮雕），是纪念碑式的公共艺术。

◘ **图3-23 流动广告与标示——综合材料** 画面中的作品（广告材料），一件是流动性的公共艺术作品，一件是标志性公共艺术作品。（左下图）

◘ **图3-24 实用广告——金属材料** 公共标志及企业标示，也属于公共艺术作品，具有公共性。（右下图）

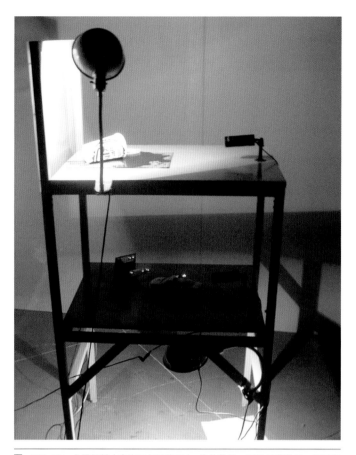

◘ **图3-25 金属材料（南京三年展作品）** 这件作品，虽是展览作品，但属于
产品设计，具有实用功能。而设计基于材料的基础上，所以材料对于产品设
计十分的重要。

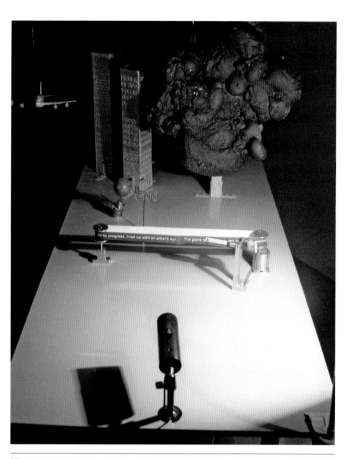

◘ **图3-26 综合材料（南京三年展作品）** 是系列作品的一部分。这件作品可
看得更清楚，是由几件产品设计的组合，但视觉上的造型都是由各种材料构
成的，它给创作以多样的面貌。

◘ **图3-27 包——纤维织物材料产品设计** 包是产品设计的一个项目。设计材料决定包的
功能与视觉感受，材料不同视觉感受也不尽相同。材料在视觉创作中十分重要。

2.2 工业产品

作为从最早的手工艺设计，到现代大工业的产
品，无不与材料的关系紧密相连。小到金银首饰大到
家电、实用品、服装、家具、各种包和餐具等哪件作
品不是用材料锤炼出来的。我们在产品设计应用中，
要充分认识材料的特性，合理使用。通过对材料功能
的认识来满足人们的需求，同时也要针对产品的特性
合理地考虑设计。特别是材料科学的发展，大量的材
料问世，为设计提供了多重选择的机会。所以对新材
料的认识，掌握材料合理的使用，通过材料反映时代
的信息与特色是十分重要的。（图3-25~图3-33）

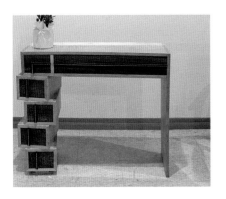

图3-28　木质材料（韩国全北大学学生作品） 该图是木工设计专业学生的实验作品。作品是由木质材料构成，但材料的特性加上新的创作理念，使其视觉新颖，又十分符合材料的特质。（左上图）

图3-29　木质材料（韩国全北大学学生作品） 该图也是课堂实验作品，是在材料的基础上创作的。（右上图）

图3-30　工业产品（韩国 光州设计双年展作品） 该图是复合材料作品的艺术样式，它是由材料的特质决定的。只不过是在材料、设计理念、造型语言及机械加工等创作流程中，激发点还是居于材料的基础上产生的。（左中图）

图3-31　钟表设计 该图是表的工业产品设计，虽然集中了各种设计手段，但各种材料基于一身，才构成这种样式的表，材料是决定产品艺术视觉魅力的重要一环。（右中图）

图3-32　织物设计（画家作品） 图中各种颜色的丝质材料是决定这件作品的重要环节，如果没有这些材料的存在，产品也就不可能存在。（左下图）

图3-33　工业设计作品 图中热水器产品的。造型十分精致，迷你的样式十分入眼，但除采用了现代的加工技术外，材料在设计中是功不可没的。（右下图）

2.3 环境与空间设计

环境中的各种建筑、配套小品等，哪件不与材料的关系紧密，没有材料就等于没有空间环境。空间环境中使用材料的种类比任何一门艺术使用的都要多。而且材料在环境空间中的种类不同，质感不同，使用的方式方法不同，创造的空间感觉也会不同。个性与灵性之感更是多样。我们要充分考量材料的特性参与创造，那样，环境与空间多样性的感觉也会更加强烈，冲击感也会更强，样式也会更加多样和灿烂。(图3-34~图3-37)

◘ **图3-34　公园环境中作品——指示牌**　作品中的标志、休息凳椅，还有在这个环境中远处的街灯及远处的景廊设计，都是依据各种材料为基础而创作，并把它合理地安排在这个环境中。也可以说是材料与环境的互动决定了这些实用性的产品设计的方式与特征，或者说材料与环境共同创作，决定了作品的空间环境。

◨ **图3-35　儿童游乐场——复合材料**　是环境设计中的作品。这件作品是利用材料在小区环境中的作用，突出环境中的美感，同时也体现出人们在这个环境中那种休闲、快乐之感。

◨ **图3-36　环境中的作品——不锈钢材料**　是一个公共设施，并是一件工业实用设计作品。作品中的金属材料与材料本身的特质耐磨性与周边环境的搭配显得十分的优美，充分体现出材料在环境中的那种现代之感。

◨ **图3-37　产品设计（韩国 光州设计双年展作品）**　作品与展厅的环境构成了作品的特质与内涵，同时也体现出作品材料的神秘之感。

2.4 平面视觉设计

艺术创作，是个既理性又感性的活动。所谓的理性，就是事先把创作中各种因素整理好，按部就班地去实现创作需要的想法。感性就是在创作初级阶段，通过人潜在的能力，感应创作所需要的那种直观的感觉。两者结合，合二为一。但是这种"姻缘"的联姻靠的是各艺术门类的相互作用。就纸而言，今天的纸与过去的纸是无法比拟的。科技的发展促使纸的材料发展也是日新月异，带来纸的种类也是多种多样的，这就给设计带来无法想象的使用空间。（图3-38~图3-45）

图3-38~图3-44均为纸材料作品。纸材料在广告、包装、平面设计中的应用范围十分广泛，这些设计对材料的使用也十分的重视，可以说，是材料造就了这些设计作品的感染力。

在我们生活中，每天的吃、住、行都离不开产品的包装，更离不开包装中的材料。

图3-38 平面作品——纸材料

图3-39 包装作品——纸材料

图3-40 广告作品——纸材料

图3-41 包装作品——纸材料

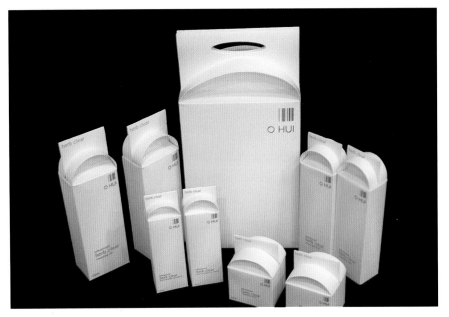

■ **图3-43 纸材料（学生设计作品）**

■ **图3-42 纸作品——纸材料 （左上图）**

■ **图3-44 工业产品设计作品——纸材料**

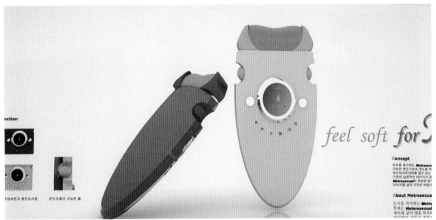

■ **图3-45 纸的行为作品——杂志纸材料** 这件作品也是纸设计作品。但是这件作品的创作，从视觉的角度与其他的平面设计有着本质上的不同。它的创作思维不是在纸产品设计的功能上，而是在利用纸的特性，去阐释纸在生活中被人亲近的利用与无奈的抛弃，是在精神的层面上给人以思考与创作上的延伸。

2.5 服装设计

作为服装设计材料的布,人们很早就开始使用。时代的发展,人们的视觉欣赏水平也在变化,追求也在逐渐的提高。今天服装材料的发展也在日新月异,种类也逐年增多,这就给服装设计寻求花样繁多,风格迥异提供了可利用、可创造、可变化的机会。同时,也为材料的再创新提供了机缘。(图3-46~图3-49)

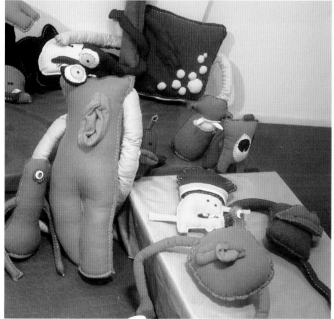

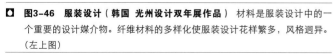
图3-46 服装设计(韩国 光州设计双年展作品) 材料是服装设计中的一个重要的设计媒介物。纤维材料的多样化使服装设计花样繁多,风格迥异。(左上图)

图3-47 服装材料(韩国 东明大学作品) 布料发展到今天的多样,也带动了服装设计的多样。(右上图)

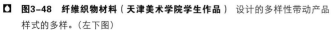
图3-48 纤维织物材料(天津美术学院学生作品) 设计的多样性带动产品样式的多样。(左下图)

图3-49 服装作品——纤维材料(天津美术学院学生作品) 布料的种类繁多,可利用性也多元化。(右下图)

2.6 综合艺术设计

综合艺术设计是艺术创作中最为广泛采用的一种艺术设计。我们看到的装置艺术设计就是综合艺术设计的一种,是现代艺术的一种归类。这种艺术设计对于材料的依赖性更加强烈与明显。材料在艺术创作中的作用显现尤为突出。不同的材料,不同的种类,注入不同的创作灵感,呈现的形式也是不同的。材料在现代艺术创作中,有时起主宰作用,甚至是创作的灵魂。(图3-50~图3-53)

◧ **图3-51 陶瓷设计(韩国 光州设计双年展作品)** 是多件造型组合。陶瓷材料的反复运用,加强了表达创意的新视点。

◧ **图3-50 纸的行为作品——纸材料** 是综合设计的一种。图集中各种材料与创作手段达到创作需要的表现。装置性很强。

◧ **图3-52 影像作品——影像材料(广州三年展作品)** 影像是综合设计的一种,材料的特质超越传统的材料,比传统的表现力更加深邃。(右上图)

◧ **图3-53 不锈钢材料(日本画廊作品)** 这件作品虽然也是采用传统的金属材料,但从图形的创作不难看出,创意也具有综合设计的现代理念,多样,与传统有明显的差别。(右下图)

3 材料、衔接

3.1 材料的衔接

　　材料的衔接是设计过程中涉猎的全方位的衔接。也就是与艺术种类的衔接，与制作方式方法的衔接，与创作思维的衔接，与创作领域的多元性衔接。通过这些领域的衔接去表现、实现、获得、呈现材料在各领域中想要表现、达到、取得、突显的东西，提高材料在各领域中的主导作用。（图3-54~图3-58）

　　图3-59~图3-62材料在这些创作中起着连接各艺术门类的作用，提供给人们创作思维与遐想，也开阔着人们的创作思维与欲望。

　　《根》是学生实验性作品，是把传统的画布与其树根结合，重新再造。实验的目的是把各种艺术衔接，使原有的面貌重新焕发出新的视觉。

■ **图3-54　织物设计（韩国 光州设计双年展作品）** 纤维材料作品主要是思维与外界的衔接，去表现、实现、获得、呈现材料的表现，达到、取得、突显的东西。
由于创作思维多样性的需要，使材料衔接发挥到极致，导致这件地毯才有与传统地毯样式完全的不同之感。

■ **图3-55　有机塑料（北京画廊博览会作品）** 该作品主要是采用有机塑料做设计，再通过作品对多样性材料的利用可看出，是作者把多种材料与多种创意结合，去表现创作想要表现的主题，同时，也提高了材料在作品中的地位。

图3-56 综合材料设计（韩国光州设计双年展作品）
作品中的综合材料与造型艺术种类的多项结合、汇集，给人以多种想象的创作空间，提高人们思维品质。

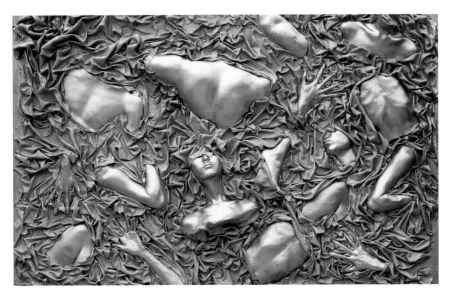

图3-57 材料的再造（天津工业大学学生作品） 作品中的材料重新用艺术手段去改变，产生一种与材料不同的感受效果。可见艺术对材料的改变与提升是多么的重要。

图3-58 综合材料（北京王府井街景作品） 这件作品明显是运用了多种材料与艺术手段的融合、互通，才有作品多点的视觉感受。

3.2 艺术种类的衔接

材料与各艺术间的衔接——通过材料去和艺术种类间连接，获取材料在艺术种类间的多重作用。

制作方式方法的衔接——通过艺术创作中需要的方式方法与材料共同融合，呈现出更加符合材料特质的形式，获取材料本身的创作魅力。反过来为艺术创作建功立业，获取材料与艺术共同呈现的魅力。

创作思维的衔接——材料的特质提供给人创作思维的多样性和多种选择。材料本身的视觉张力，传导给人以多种思维和多种想象，供人们去使用与构想。人们利用这些构想来达到创作想要的或预想的目的，丰富人的创作思维。

创作领域的多元性衔接——现在的艺术创作与传统的艺术创作截然不同，它需要的是多领域内相互的衔接，互动、融合、借鉴。而材料的表现至关重要，起到在各领域中穿针引线的作用。多元性以及材料的多种类为艺术的多元化提供了创作的契机。也为材料本身的再设计提供了机缘，那就是多领域中的艺术创作需要更多的新材料。（图3-59~图3-63）

◘ 图3-59 综合材料（天津工业大学学生作品）

◘ 图3-60 根——综合材料（天津工业大学学生作品）

◘ 图3-61 综合设计（韩国 光州设计双年展作品）

◘ 图3-62 综合材料（韩国 釜山美术馆内作品）

◘ 图3-63 综合设计（柴岩作品）

4 材料、科技

现在是科技的时代，科技推动了艺术创作或设计向前发展。由于科技的原因，材料发生着巨大的变革，新材料层出不穷。材料也在科技的作用下飞快地发展着，艺术创作或设计借用材料的创作与表现也屡见不鲜，促使材料在不断地发展。从人类使用材料的历史来看，材料科技的发展，导致材料的品种越来越多，材料的工艺水平也不断进步，这就极大地提高了人类设计造物活动的自由度。科技的发展给艺术创作提供了更多创作的媒介。反过来，艺术创作也推动科技研发材料的发展。艺术家在艺术创作中根据艺术构思和艺术风格的需要，或在创作设计中就作品想以特定的材料、造型和结构等要素构成出现，而这种材料又不能来满足特定的创作目的和需求，而且目前的工艺技术又不能

确保某种造型和结构都能够被生产出来的时候，艺术家就得去修改目前设计需要的材料工艺，来适应创作想法或目的，这就在无意中为了满足设计造物活动中的需求与目的推动了材料科技化的发展。科技推动了材料的进步，同时也推动艺术家创作的多元灵感，推动了艺术家参与创作或设计的领域也在不断地扩张，创作的表现力也在向前发展。材料与科技的关系是相辅相成的。（图3-64~图3-66）

图3-64~图3-66这些作品，都是运用材料与科技的结合来完成艺术创作的。

就太阳能公厕来说，太阳能材料的发展，才有太阳能公厕这样的设计。是材料的发展，推动了设计艺术的多元扩展。

◘ **图3-64 照明器——塑料等材料**

◘ **图3-66 综合设计（韩国光州设计双年展作品）**

◘ **图3-65 太阳能公共厕所——综合材料**

科技的发展带动了材料和工艺技术的向前，如塑料材料工艺的开发利用使设计具有了更高的自由度，克服了金属与玻璃传统材料塑造工艺的复杂与难度。将科技含量注入塑料的塑造，采取一次注射成型工艺，不管多么复杂的造型，尺寸多么的精确，塑料制件都可加工与塑造。而且原材料没有损耗，极易操作，并有美丽漂亮的色彩及外表，低廉的加工成本就可达到复杂的造型。（图3-67~图3-71）

再比如，陶瓷激光快速成型工艺使陶瓷加工科技又达到一种飞跃。它采用的是由激光束利用计算机提供的制品加工数据，将陶瓷原料的坯料粘贴成型。这种陶瓷的成型技术先由美国在1985年研制成功，1991年实际开始应用。1996年，新加坡把这种科技的成果用于餐具上。技术的发展与使用使设计具有了更大的自由度。（图3-72~图3-74）

图3-67 陶瓷设计（艺术家作品） 借用科技手段使传统的陶瓷材料，发生了天翻地覆的变化。

图3-68 广场作品——综合材料设计（韩国首尔市民会馆门前作品） 运用科技的手段把艺术家的设计理念，通过科技得以实现，设计手段更加丰富。（中图左）

图3-69 布与科技设计（画廊博览会作品） 有动感的设计作品。（中图右）

图3-70 影像作品——科技产品 影像的高科技，改变了材料的功能，也改变了人们的创作思维。

图3-71 全州高速收费站——环境与建筑设计（韩国） 传统的视觉样式，现代的建筑环境感。

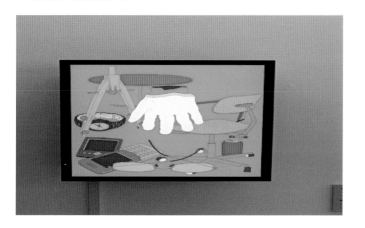

图3-72　陶瓷包编织设计
（韩国光州设计双年展作
品）　陶瓷材料利用科技，
可将各种形态改变，重组，
结合等多种实验，实现艺术
设计的多元性。

图3-73　综合设计（韩国
东明大学学生作品）　这件
综合材料作品设计类似魔幻
镜，透视着箱子内部图形魔
幻般的形态改变。

图3-74　综合设计（北京画
廊博览会作品）　钢琴、音
响、影像三种科技性材料的
结合，表现了艺术家的创作
思想、理念，使作品的视觉
感受非常有独创性。科技推
动了艺术设计向更高阶段的
创作上发展。

科技已经使艺术创作史无前例。当今如何把创作融入科技，如何扩展创作空间，如何花样翻新，这就给艺术创作设置了新的遐想空间，值得我们认真去体验。

苹果电脑公司的IMAC电脑在开发过程中遇到电脑上部件运用半透明材料，或材料组合与安装技术上的问题，在当时，这些技术上的问题很难处理，但为了达到这些技术的要求，特别是达到创新上的美感，研发了在半透明的塑料上采用强大的高压注射模具技术，最终达到了技术上的要求，解决了肌理上美感的问题。据以上所述，可以看出，材料科技的发展提高了设计造物活动的自由度，同时设计造物活动中的需求也刺激材料科技的发展。设计与材料科技之间是一种相互促进、互为因果的关系。(图3-75~图3-78)

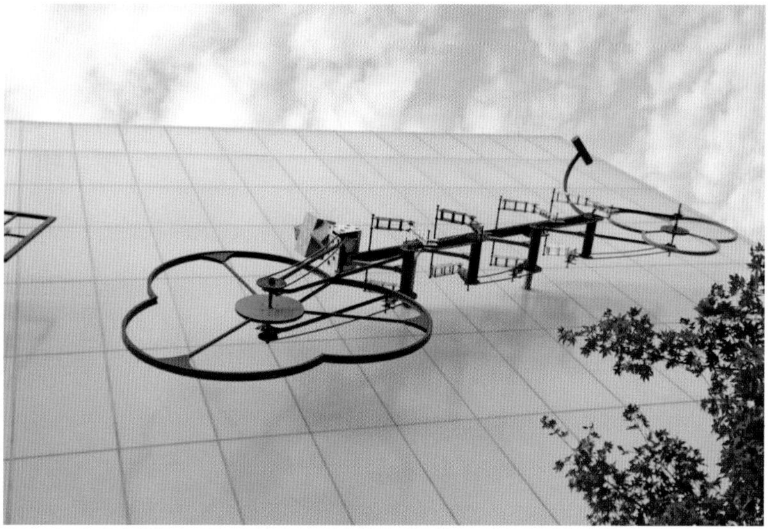

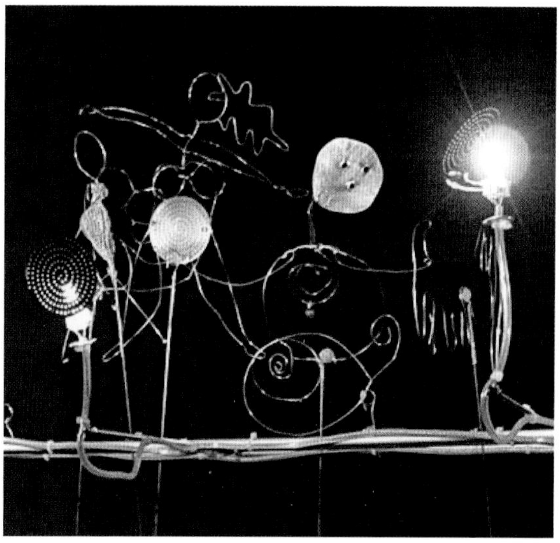

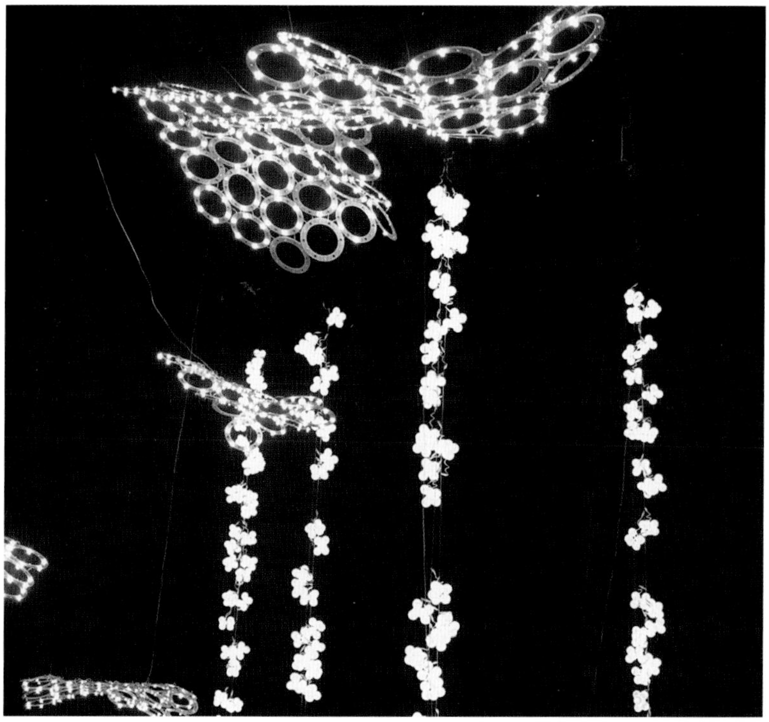

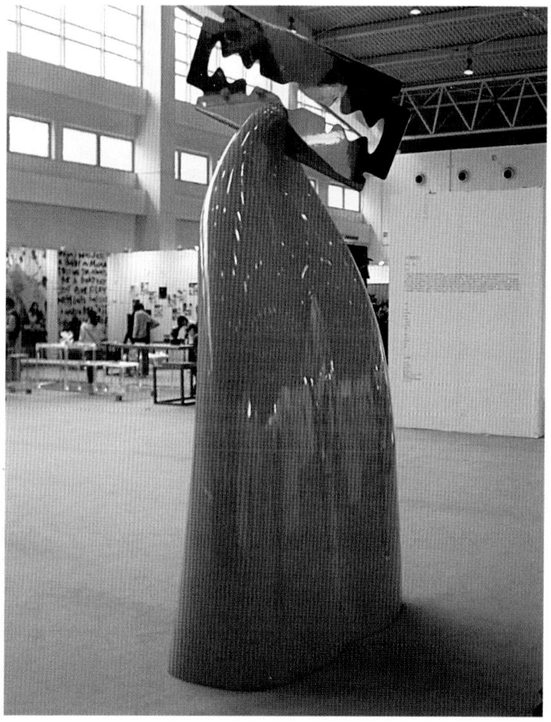

图3-75 综合机械设计 这件会活动的作品，造型的塑造焊接调动了科技的参与。(左上图)

图3-76 综合设计 该设计作品中各异形态造型的灯是创作的主题。(右上图)

图3-77 灯光设计 该作品是采用灯光技术，体现作品的科技性。(左下图)

图3-78 标志性作品(大众公司) 该作品烤漆的质感，体现出科技的魅力。(右下图)

5 作业

一、选择材料联姻的对象，再通过材料制作方案设计。

要求：

1．选择设计对象；

2．制定方案；

3．设计的最后说明。

二、选择两种以上的材料进行衔接训练。

要求：

1．选择设计对象；

2．制定方案；

3．设计的最后说明。

6 结语

材料不可能完全独立存在，更不可能与艺术形式不打交道。本章就是通过教学，让学生知道材料与各艺术间的联姻关系。

本章重点：各艺术种类的互联与联姻的关系研究，及涉猎各种艺术的关系、地位及内在之间的联系。

本章难点：材料在科技上的地位与关联。

建议课时：10课时。

第 4 章　界限表现

1 概述

艺术有自己的领地，材料也有自己的领地，这种领地都有自己界限的规定或内在的表现欲望。通过这些不同领地各自发挥着传达给人视欲的作用。就像我们在选择一种材料用于艺术创作，可创作的领地不同，产生的视觉效果也是不同的。如合理使用、创造性使用、思维的变异使用等不同，其作品传达出的语言和视觉张力也各不相同。巧妙地选材与因地制宜的创作思维，对领地中的创作展现是十分重要的。（图4-1~图4-3）

■ **图4-1　传统材料与风格的运用——木质材料**

■ **图4-2　纤维织物（上海双年展作品）** 这是借用现成的T恤衫，注入表现的内容，扩展新视野。

■ **图4-3　灯饰（日本）** 这是日本鹿儿岛饭店里的一盏灯饰，与传统意义上的灯饰完全不同，视觉感好像又开辟了新的装饰领地。

■ 图4-4　饭店的环境空间

■ 图4-5　传统饭店一角

■ 图4-6　传统装饰物

2 不同材质

材料的种类与材质有两个方面组合，即传统与现代。

2.1 传统材料

2.1.1 木材——木材是我们生活中最常见的材料之一。它的特点是天然材料，容易加工，可塑造性十分强，加工简单，只要略微加工就可利用在我们的设计中。可以反复使用，耐冲击。加工出来的形式可多变，只要人所想的样式都可加工出来。但木质材料重量大，在使用中要考虑它的这一特性。（图4-4~图4-8）

图4-4~图4-8这一组作品是一家老式传统饭店的一角。通过这组作品我们可看出传统的材料对设计的影响。尤其传统设计随着时代的流逝，如今在现代的社会里，传统材料更有视觉的冲击力，勾起人们对往事的回忆。

■ 图4-7　木质材料老式灯具

■ 图4-8　老式家具

2.1.2 纸——在生活中纸的作用很强大，用途也很广泛。这给我们的设计与创作形式的利用提供了机缘。纸的种类很多，有粗糙包装用的瓦楞纸，也有精细光滑用于各种印刷的白板纸，有薄如棉纱用于复写的硫酸纸，也有厚如硬木适于运输存储的厚卡纸等。纸易加工，成本低；可塑性十分强，用途十分广泛；功能性强，可折叠、无味、无毒、环保、透气、耐磨等。

2.1.3 塑料——是新工业的产物，用途更是十分广泛。我们的生活离不开塑料。而且我们生活中使用的塑料比例仅次于纸张。它是树脂与人工添加剂在化学作用下的合成材料，具有防水、防潮、防腐蚀、耐油、耐腐蚀等性能。可塑性十分强，可以加工成各种形状的物体。但耐热性差，不易分解，易污染。

图4-9~图4-11作品，分别是用纸、塑料材料制成。材质的可塑性，为创作提供了造型的多样性，可使创作思维延伸、扩展。

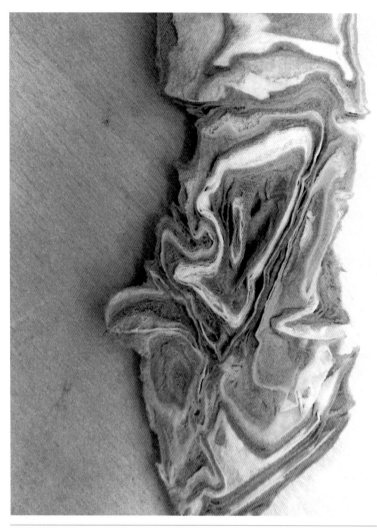

■ **图4-9 多层纸压缩肌理——纸（天津工业大学学生作品）** 该作品是把多层纸胶合后，叠压、扭曲，最后切割，形成了纸材料的再造性能。

■ **图4-10 课堂实践作品——塑料材质（天津工业大学学生作品）**

■ **图4-11 台北现代美术馆办公厅景观——塑料材质装饰**

2.1.4 **玻璃**——自然的玻璃形成于几百万年前的火山活动，强烈的地热融化了大量的硅石，形成了半透明的黑褐色玻璃，是一种天然矿物质高温烧制而成的。它透明、坚硬但又十分易碎，通过加热打磨加工成各种玻璃物体。它的特点是硬度大，可防腐蚀，并可反复使用。（图4-12）

2.1.5 **纤维**——是经过加工后形成的柔软细丝，有天然纤维和合成纤维两种。纤维具有弹性、松软、塑性形变小，强度高以及有很高的结晶能力，所以也是艺术创作重要的材料。随着科技发展和人们对纤维的理解与应用，纤维的概念也发生了很大的变化，种类也十分繁多，界限也十分模糊，因之给艺术的创作也带来了可创作的空间。（图4-13）

▣ **图4-12 材质与创作思维转变——玻璃材质（画廊博览会作品）** 这件作品利用玻璃的材质，但视觉感及创作的思维已经不是传统意义上对玻璃材质的单独使用，而具有创新的现代感。

▣ **图4-13 布拼贴（天津工业大学学生作品）** 这件作品，充分运用纤维的特性，缝合、充填，把古老的纤维材料，设计得很有现代感。

2.1.6 陶瓷——是用一种黏土经过高温后烧制出来的，历史悠久，用途十分广泛，备受人们的青睐。具有抗腐蚀、抗氧化、抗热，但易碎等特点。（图4-14）

2.1.7 金属——是艺术创作的重要材料，过去与今天人们都在广泛地应用。具有封闭强、抗撞击、耐用、可塑性强等特点。（图4-15）

2.1.8 石材——是天然材料，十分坚硬、牢固、强度高。由于科技的使用，材质繁多，样式也在不断翻新，特别是经过艺术家的雕琢后更具有美学意义价值，适于各种艺术风格的创作。

图4-16、图4-17作品都是石雕，但石材不同，视觉感觉也不同。不仅如此，美学意义的价值也不同。

■ 图4-14 陶土材料（天津工业大学学生作品） 该作品是用传统的陶土创作的。其利用材料的特质及造型塑造出传统与现代的有机结合体。（上图）

■ 图4-15 玫瑰——金属材料（台北现代美术馆 蔡志松 个展作品） 作品填充在整个展厅，气势宏大。充分体现出金属材质可塑、可变的性质。（中图）

■ 图4-16 石雕 （左下图）

■ 图4-17 大理石（卢浮宫作品）

2.2 现代材料

复合材料——是新型的合成材料，是几种甚至是更多种材料的附加组合。它的特点是节能，易回收，成本低，重量也可减轻。其性能取决于它的基本材料的组合。与传统相比用途更为广泛，易于艺术的发挥与花样的翻新，更适于今天时代艺术创作的发展。（图4-18）

新生材料——通过高科技手段产生的材料，如激光、声控等。（图4-19）

信息材料——是信息中的材料，特别是在现代艺术中被广泛地选用，如电脑、影像、电子产品、广播、现代通信设备等。这些作为艺术创作的媒介被广泛应用，对艺术的视域创作，提供了更刺激的视觉表现材料。（图4-20）

科技使材料的发展与利用空间在不断地扩展，促使人们对生活质量的追求逐年提高。就艺术而言，人们也并不买账于老旧思维下那些墨守成规、守旧的创作，品位也在逐渐提高。为满足需要，人们在材料创新方面下足了力气，给艺术创作提供了可利用的契机。但是，材料的利用，使其发挥它应有的作用也很重要。好的、新颖的材料如不加思索，简单、罗列、重复使用，就很难发挥它应有的作用。材料如何使用也非常重要。（图4-21、图4-22）

🔲 **图4-18 复合材料（韩国 光州设计双年展作品）** 作品是复合型陶瓷，这种陶瓷与传统材质有所不同，它的表现力会更强，艺术效果更突出。

图4-19～图4-21作品中所有的材料都是在科技作用下完成的新生材料。

图4-20～图4-22作品运用多媒体信息材料，视觉更加广阔。

🔲 **图4-19 新生材料（上海双年展作品）（左中）**

🔲 **图4-20 信息材料（韩国 光州双年展作品）（右中）**

🔲 **图4-21 光材料（上海双年展作品）（左下）**

🔲 **图4-22 电子材料（北京王府井展出）（右下）**

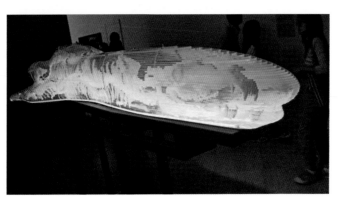

3 巧妙采用

材料在艺术创作中作为媒介如何选择，如何巧妙使用对于创作来说是十分的重要。选择的方式方法不同，产生的艺术视觉效果会不同，对后续产生实质性的作品影响也会不同。所以，材料如何合理使用，如何加工，采用何种工艺，采用何种手段等，对于创作来说是十分重要的，是值得斟酌思考的。（图4-23~图4-31）

图4-25~图4-27都是在科技的作用下产生的现代材料，为创作提供了可选择与表现的空间。同时，由于材料的丰富性，工艺加工的随意，给艺术创作、材质间的衔接和如何最佳表现，提出了新的课题。

图4-30、图4-31两件作品都是较为传统的材料（纤维、金属），但作者在利用材料创作时，思维善变，重新再造，其视觉意义与传统材料截然不同。

■ **图4-23 材质软硬的搭配（上海双年展）** 是作者把软与硬特性的复合材料结合放置在空间里，既有新意感，又有空间的协调性，组合巧妙。（左上图）

■ **图4-25 空间合理放置** （右上图）

■ **图4-26 材料创新（岳敏君作品）** （右中图）

■ **图4-27 多媒体与传播内容合理利用** （右下图）

■ **图4-24 橡皮与船巧妙结合——带我去远方（南京三年展刘莉蕴作品）** 龙船经过新材料（复合材料）重新包裹装饰后，改变了视觉意义。（左下图）

◨ **图4-30 纤维材料合成（金彦秀指导作品）**（左下图）

◨ **图4-31 金属焊接（金彦秀）**（右下图）

3.1 合理加工

材料作为艺术创作的媒介，在使用的过程中，按照设计者的意图要对材料进行二次加工。这个成型加工工艺是非常重要的，它决定造型的好坏，也是决定作品优劣的标志。好的材料通过加工成型，不仅起到对作品的辅助作用，更能通过这个材料体现设计者的设计思想。不仅如此，同一件材料设计的工艺和想法不同，加工工艺的手段不同，其效果也不尽相同。

材料的特性决定着材料加工方式和方法不同，对于我们经常使用的金属、陶瓷、玻璃、塑料等材料因特性不同，加工方式就不同，其效果也不同。（图4-32~图4-36）

图4-35、图4-36两幅作品都是复合材料。图4-35作品的视觉感很现代，但制作上很传统。经过手工直接包装加工后，在作品上呈现出很有人情意蕴的感觉。图4-36是不锈钢金属材料作品，与图4-35作品在制作工艺上截然不同，体现出很现代的制作工艺。两件作品的视觉冲击力截然不同。

■ **图4-32　复合材料组合（南京三年展作品）** 作者在创作中，把多重的艺术手段进行多项结合，使材料发挥得淋漓尽致。（左上图）

■ **图4-33　金属材料切割焊接（金彦秀）** 作品为了把写字时挥洒自如的豪情表现出来，巧妙地将金属焊接切割等技术用在金属上，呈现柔韧有余的憨气。可见合理加工技术用于创作中十分重要。（右上图）

■ **图4-34　金属材料（韩国 全北大学学生作品）** 这件是学生课堂实验作品。课堂实验的内容是利用废弃的金属材料组合焊接。用这种方式，来锻炼学生如何利用材料和如何合理使用加工技术。（右下图）

■ 图4-35 复合材料——带我去远方（南京三年展 刘莉蕴作品）

■ 图4-36 复合材料——被锯的锯（南京三年展 王鲁炎作品）

对于金属材料来说，它的加工工艺有铸造，包括砂型铸造、压铸造等。压力有锻压、轧制、挤压等工艺。陶瓷材料，经常接触的工艺有注浆成型、可塑成型、模压成型、静压成型等，还可以对成型的陶瓷采取适当的研磨、抛光、雕刻等工艺。玻璃材料是我们艺术创作经常使用的材料，它的成型工艺有吹制法、压制法、压延法、浇铸法、拉制法、离心法、烧结法、焊接法等。对于塑料而言，人们驾驭塑料的工艺很多，如注射、挤出、压制、压延、注塑、吹塑等工艺成型。另外，材料的加工采用的工艺不同其效果也不同，如，粗糙、坚实、大气的效果可采用翻砂铸造工艺。而光滑、轻柔、细腻之效果可采用熔铸制造工艺等。合理使用材料和材料加工对于创作者来说很重要。（图4-37~图4-40）

图4-37 玻璃用吹制、浇铸法、拉制法等制造 本作品是玻璃材质，通过对原材料的二次加工，使原有的材质发生变化。（左上图）

图4-38 陶瓷采用可塑、模压、雕刻等手段制造 这件作品是陶瓷材料，经过艺术家精心设计，固有的材料发生了质的变化。（左中图）

图4-39 金属锻压等加工 这件作品材料是金属材质，通过二次合理加工锻造，创作出作者想要表现的意图。（左下图）

图4-40 塑料加工工艺成型 这件利用塑料作为材料的作品，由于材质易塑造的特性，人们可随心所欲地驾驭，演绎出其他材质所达不到的效果。（右下图）

科技的进步使材料的加工工艺也发生着变化，新工艺也在不断涌现。如精密铸造、精密锻造、精密冲压、挤压、模锻、轧制和粉末冶金等工艺使材料成型更加多样，精密度也更高。同时，人们利用材料工艺创作也更加丰富，表现力也更强。还有些加工工艺，如电火花、电解、激光、电子束、超声波加工等的发展，使材料成型更加精密，更加便利。技术的多样性提供给我们多样创作的思维，创作选择的余地也更加丰富。但我们既不要局限于传统的材料与工艺，也不要痴迷于某种工艺技术形成的造型特点和风格，要灵活合

理运用，使多种加工工艺手段，既发挥材料的特质内在美，也要利用技术的无所不能，创作出符合需求的外在美。

就创作而言，材料越来越离不开人们的参与。但是，不是所有的创作都适于某一种材质与加工工艺，它需要人们精心地挑选，合理地搭配，这样才能充分反映创作的主题，才能反映需求者的意图。（图4-41~图4-44）

图4-43钉子材料和图4-44金属材料，经过艺术再造，产生出各异的、有科技含量的作品。

□ **图4-41 电子束等新工艺（南京三年展作品）** 采用新技术电子束，加工制作。

□ **图4-42 多种加工工艺技术组合《临界的集合》（美国艺术家jim Sanborm 作品）** 是韩国光州双年展上作品。视觉力图把各种新技术（综合材料）用在作品中。（右上图）

□ **图4-43 螺丝焊接打磨技术（天津工业大学学生作品）**（左下图）

□ **图4-44 利用精密技术（四川美术学院学生作品）**（右下图）

3.2 因地制宜

中国古代《吴越春秋.阖闾内传》指出："夫筑城郭，立仓库，因地制宜，岂有天地之数以威邻国者乎?"其中"因地制宜"中的"因"是根据的意思；"制"是制定的意思；"宜"是适当的意思。是说我们在做某件事的时候，不要毫无根据，擅自主观，凭想象，想当然地去做事。而是要根据不同情况、不同环境、不同对象，制定相应的措施。而这里的"地"理解为自然、社会和经济条件的统一，也就是在做事的时候要考虑天时、地利、人和，也就是人与自然的关系，称谓"三位一体"。

我们在这里不是宣讲文学，更不是在研究哲学。而是通过这些解释，为我所用。是说，我们在研究或使用材料的时候，把材料与人的创作想法或使用环境，根据创作者的意图达到和谐统一。或者寻求更加合理的使用方法。科学合理地调整布局和结构，以获得地尽其利、物尽其用的最大效果，达到所需的目的。

总之，一件好的作品，必须要有适于置放的环境。如果置于不适于它的环境，再好的作品也发挥不出它所具有的魅力。环境、意图要合二为一。这就给人们在创作中提出新的思考。（图4-45~图4-50）

■ **图4-45 石制作品——石材料（广州美术馆院内收藏作品）** 该作品力图把这些单个的作品组合在一起，放置在一个属于作品空间的环境中，不仅材料的属性适于这个环境，作品中思想与寓意以及因地制宜的主题也得以在这种空间中充分地表现。

■ **图4-46 手绘作品（希腊）** 这件作品是希腊街景中的手绘壁画作品。作品的内容、表现方式、内涵主题都与这个建筑环境十分融合，形与意和谐统一。

■ **图4-47 科技手段合理延展（南京三年展作品）** 作品通过影像这一高科技表现手段，把想要表现的想法意图和谐统一，使创作意图获得最大的表现空间。

■ **图4-48 视觉处理与创意环境巧妙融合（南京三年展作品）** 这件综合材料装置作品，从材料选择到作品表意，形式结构，处理方式方法都"因""制"，"得""宜"，十分充分。

■ **图4-49 创作环境与视觉环境搭配（韩国首尔市民会馆广场）** 这件铁焊接作品，恰到好处地放置在创作环境中，使其创作布局和结构科学合理。（左下图）

■ **图4-50 视觉、感官、创意结合（韩国首尔市民会馆前作品）** 木制作品视觉感官，其意与利，都充分表现在创作的空间中，表现张力十足。（右下图）

3.3 互融互动

互融互动是在材料的运用中，材料间彼此的互相介入与参与。也就是说，你中有我，我中有你，来达到一种相互共融互动的关系。互动与相互虽然有相同之处，但也有不同。相同的是都有互相的含义；不同的是"互动"，是两者有共同活动与互相参与的意思。也有融合含义。而相互是两者相对关系。互动最鲜明的特质为连接性与互动性。重点是互动。也就是以连接、融入、互动、转化等面貌出现。对于材料来说，是通过人的作用使材料间互相连接，并融入其中，产生的互动。其实这种材料间的互动是人与材料的互动。通过互动把材料与人主观意识连接。也就是材料与人的意识相互产生转化，最后呈现出全新的形态。其实，互动就是人与人之间、材料与材料之间，人与材料之间、材料与工艺技术之间的相互作用。材料以各种方式的出现，都是人为的结果，因为材料是死的，人是活的。材料都是在人赋予下才开始活动的。所以我们在研究材料的互融互动时必须是在人的作用下展开。（图4-51~图4-56）

图4-51 手绘肌理与形态表现互融（南京三年展作品） 事先做好材料需要底纹的肌理，再用颜料绘制。在这个过程中，材料肌理绘制效果与颜料的绘制要有默契的关系，也就是互动，相互参与，才能达到所需要的视觉感受效果。材料的质感与肌理产生的寓意表达才会融会贯通。

图4-52 木质积木与沙子材料组合互动转化（天津工业大学学生作品） 作品中木制积木材料与沙子材料合二为一，彼此参与、互动，其意是表现作品主题。

图4-53 纸板与线材料组合表现作品主题（天津工业大学学生作品） 作品中的纸质箱子（材料）与线（材料）形成作品的表现主题。由此可见，创作材料是死的，人的主观性是活的。同时创作主题决定材料如何地选择。

图4-54 材料与人与材料的关系（南京三年展作品） 作品（综合材料）通过一张张图片贯穿主题，力图把材料与人的意识相互转换，表现人与人之间、材料与材料之间，人与材料之间、材料与工艺技术之间的相互作用，也就是"互动"关系。

图4-55 影像材料的互动（南京三年展作品） 作品影像与多媒体（材料），是通过与人互融互动展开的。

图4-56 木质材料——金块与陌生人（广州三年展作品 日本和田昌宏） 作品中采用木质材料之间传达的信息交融，来表达创作的主题。

材料的形态或形式是人给予的，所以材料的互动就是人（欣赏者或设计者）与材料、技术、形态的新形式，产生的新观念（也许是观者或艺术家等）和将要成型的作品之间的互动。从最广泛的意义上来说，所谓"互动"也许是指事物之间有反馈的相互作用；对于材料间的结合来说，凡是某个材料本身传达的特性和所表达的语言与另一个材料结合，或连接所传播的信息得到另一方的应答，这一过程就构成了互动。（图4-57、图4-58）

■ **图4-57 综合材料（广州三年展作品）** 作品利用综合材料设计，外观上是个破烂不堪的工房。而感受是作品中的材料形态组合后传达给观者的心理感受。可见材料与形态在作品中的地位的重要。所以，材料在作品中存在的方式直接影响着人们的心理感受。其实，感受来于人们对材料的理解，是材料与人互动关系产生的。

■ **图4-58 墙材料与人互动（广州三年展作品）** 红墙纸（材料），有意识提供给人们在其上面涂鸦，传达表意，实现设计者与观者的互动关系，来达到设计者想要表达的意愿。可见材料对创作者来说，地位十分的重要。

3.4 材料生辉

所谓的材料生辉,表现在两个方面,一种是传统材料,另一种是现代材料。就拿传统材料来说,除了传统材料本身就有它内在传统魔幻张力外,在创作中重新加以利用,给予它注入新的思想或新的艺术理念,就会呈现出灿烂的光辉。如果再加以多样化的转换后,会更加灿烂。比如说,设计师用不锈钢材料重新给中国传统假山赋予审美效果,传统的假山造景就会给人以很现代的感觉,而这种现代的感觉是建立在传统印记中的现代。这种置换材质的造型涵盖被复制对象从形式到内容所给定的历史审美定义,同时也复制出时代的文化意义。这就是传统概念赋予现代的含义。通过现代材料的置换也可产生出现代与传统联袂的效果。再如官帽椅,是明清时一个非常典型的传统样式家具,可是经过艺术家借助于材料重新给予诠释,也可呈现出既传统又现代的艺术效果。具有很现代感的传统味道。其实,无论是传统的材料还是现代的材料,我们在创作过程中都有过如何运用的反复思量与困惑,举棋不定。但是,当我们认真细致地对材料认知与揣摩后,终究会寻找到柳暗花明又一村的快感。其实,随着时间的推移,人们越来越感觉材料在艺术创作中的魅力。没有不好的材料,只有不好的构想,只要有好的构思,材料的魅力就会呈现,就会放射出光芒。(图4-59~图4-69)

■ **图4-59 陶瓷材料(地摊上作品)** 这件作品虽然选用的是传统陶瓷材料,但是,在创作过程中赋予材料新的造型与色彩,其效果与传统样式截然不同,材料焕发出新的视觉感受。

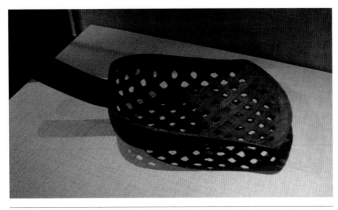

■ **图4-60 青铜材料(首都博物馆展品)** 作品虽然是件传统铜器材料组成,但其样式与传统多曲线形式相比有所不同,很有传统以外的韵味。不仅如此,视觉感观又与传统材料有所不同。其实这是人的现代感受给予作品后,传达的印记。

■ **图4-61 现代材料(意大利街景雕塑)** ■ **图4-62 现代材料(画廊作品)**

图4-61、图4-62这两件作品材料选择的是很新的复合材料,再通过艺术家赋予材料独特形式,又赋予作品当代的视觉感受,作品就很有现代之感了。

□ **图4-63 上海美术馆门前的火车——金属材料** 从火车功能的角度来说，是人们实用的交通工具。可是艺术家把它搬到美术馆，环境发生了改变，其功能性也在变化。它不再有载人拉物所具有的功能，而变得人们不得不从视觉的角度对机车重新的审视。作品把人们的视觉提高到一个更高的角度，开始对机车从美学的角度反思理解。机车视觉上传达的意义发生了变化。

□ **图4-64 展望——不锈钢材料** 这件不锈钢作品原本是一块假山，应放置在园林之中，给一方环境增添出清新雅趣的空间。可是经过艺术家对其假山材质的重新诠释，原本假山的含义发生了变化，给人以更新的审美含义。

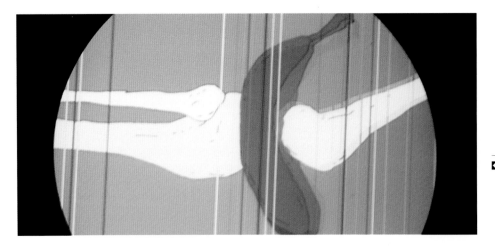

■ 图4-65 动影像（上海双年展作品） 作者在创作时也许从很多材料中，最终选定这种高科技含量的动影像材料来表现作品，才有这样的形式作品。由此感观，没有不好的材料，只有不好的构思。

■ 图4-66 胶合板粘接材料（北京双年展作品） 这件胶合板粘接材料给人很新的视觉感受。由此可见，材料恰到好处的运用，会给人以很强的视觉烙印。

■ 图4-67 丝布绘制（上海双年展作品） 作品把丝绸材料合理又有创新地运用，很有意想不到的视觉之感。

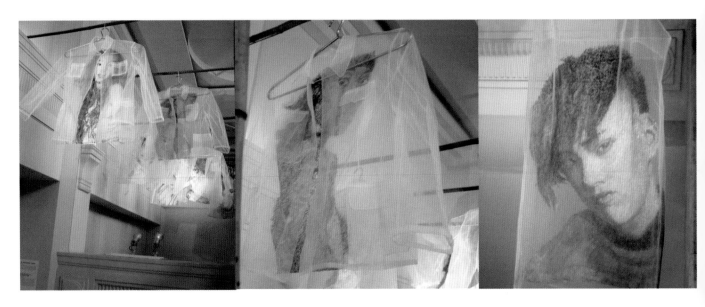

■ **图4-68 陶瓷等材料（南京三年展作品）** 这件木材和陶瓷组合的装置作品，是把多种材料同时用在同一件作品当中。其作者想从材料的角度，构成画面，展示他对材料的理解与运用。试图通过材料传达出作者内心的想法，告诉人们他创作的寓意。

■ **图4-69 洋车（北京经典博览会作品）**

4 作业

一、让学生选择传统材料与现代材料创作。

要求：

1. 选择对象；

2. 制作方案；

3. 制作作品，并写出作品整个的制作过程说明。

二、利用各种材料训练。

要求：

1. 选择对象；

2. 制作方案；

3. 制作作品，并写出作品整个的制作过程说明。

5 结语

本章着重研究各种材质之间的界限，搞清楚传统与现代材料的关系。并如何使用这些材料，把这些材料发挥到极致，也就是如何合理地使用，突显材料的特质。

本章重点：如何因地制宜，合理地使用材料。

本章难点：材料如何去表现，发挥到极致。

建议课时：10课时。

第5章 破解思维

1 概述

艺术创作需要的是思维，思维的不同也决定着创作的作品不同，特别是在物欲与信息来源多样的今天，创作的样式如果还局限于从前，平淡，保守，创新性不足，就很难适应这个社会的发展，时代的进步，满足不了人们的视觉欲望。如何使设计师能创作出耳目一新的作品，如何满足人们的视欲呢？这就需要破解思维。其实好的作品除了有好的功力与技巧还不够，最主要的还得需要好的思维。没有好的思维，好的作品也不可能产生。本章就是研究如何破解思维，如何创新。（图5-1～图5-3）

🔲 **图5-1 木质材料（韩国 李孝文）**
作品视觉感有刀劈斧砍之感，创作手法大气。

🔲 **图5-2 树脂、陶瓷等材料（南京三年展作品）** 这件作品从形式上已经突破过去那种视觉形象，用一种全新的思维观创作作品，感动着观众的心理。

🔲 **图5-3 发光管材料（南京三年展作品）** 运用创新的思维把现代光材料用于创作中，视觉感观耳目一新，很具有创新视觉魅力。

2 不择手段

今天已经是多媒体、信息爆炸的时代，各种视觉形态元素每天都充斥着我们的眼帘，使我们应接不暇，眼花缭乱，视觉疲劳已经是人们的通病。如何使人们的视觉不疲劳，如何使视觉兴奋，如何使我们设计的作品使人过目不忘，这已经是摆在艺术家与设计者面前的一个课题。如果不解决这个问题，我们的创作或设计的作品也就没有意义了。那如何解决这个问题呢，其实也不难，就是改变我们的创作观念。"不择手段"。也就是用非"正常"的思维去面对我们的艺术创作。为什么要用这种思维去创作呢？我们的创作一般情况下，都是按部就班（正常）或习惯性的思维去考虑问题。并不是说按部就班的习性不好，是这种思维如果主宰我们的创作思维，人们就很难跳出视觉平平的状态，就会被这些惯性的思维困住，思维的张力也就很难展开，逆向思维就很难开展，难以创作出吸引人们的东西，面对你的作品就没有视觉欲望。这就需要艺术家与设计者的创作思维不择手段，方式多样，达到艺术创作需要的目的，使观者视觉兴奋，有耳目一新的感觉。

如何耳目一新，一要开阔视野。多多地去储存各种知识，不要面对创作不知所措，感叹"用时才知方恨少"的遗憾。这就需要我们平时用心努力地积攒各种知识能量，为创作积淀丰厚的可利用资源（图5-4~图5-11）。

图5-8、图5-9、图5-11、图5-12这些作品把科技与视觉的造型结合，突出创作的主题。视觉上给人以遐想的视觉空间，与习惯性产生的视觉有种不同的感觉。其手段之感很强。

二是要改变思维。用特异或者是超出"正常"思维构想创作或设计，"变通"或"另类"才有"不同"或"异样"的思维，才有能吸引眼球的视觉作品。

三是交流对话。就是面临着我们的各种创作语言或者是能改变我们创作的人或事件对话。这种对话不是简单的，敷衍的，一次性的；要经常的，常态化的。通过交流与对话才有体验，才能发现，才有顿悟，才能有"异样"、不同、差异的灵感，汇集或产生能量为我所用，找出创新的语言。（图5-12~图5-15）

四是体验。指通过各种方式纵向与横向全方位与创作有关的事件对话。体验的目的就是从感性、发散认识归位到理性的认知，找出理想或最佳，能吸引人们的眼球语言，用到创作设计中，达到创作的目的。（图5-16~图5-25）

图5-19~图5-22各作品的形式感很强，有与众不同之感。材料的使用也各具特色，可以把简单的材料发挥到极致。在创作中不仅能寻找自身的艺术特点，还能与外界取长补短，重新再造，很有启发。

◘ **图5-4 综合材料——百家姓（金彦秀 金百洋）** 这件作品视觉的感观有些与众不同，他所用的材料与创作表现手法都与人们的习惯有些不同。特别从作品中的形式、造型及表现手法都透露出一种创新之感。这主要是艺术家在创作中没有把思维束缚住，不采取按部就班的老套思维模式，在创新中不断改变思维的结果。

■ **图5-5 多种材料（南京三年展作品）** 作品中把包装盒（木质材料）与作品实物（陶瓷材料）混合放置在一个空间中展出，其实是不符合常理的，两种材料风马牛不相及，风格也不同。但就是因为风格的不同才造成视觉的新鲜感，也把创作的新思维传达给人们，改变着人们的习惯。

■ **图5-6 多种材料——柳树（广州三年展作品 尼日利亚/英国 玛丽·伊文思）** 作品（纤维）材料与表现的手法都与常规不符，就因为这样，才使这件作品有与众不同之处。

■ **图5-7 向日葵——金属材料（许江）** 这件作品是用青铜材料打造出的向日葵，把人们的视觉感官引向多维思考。这些思考其实就是在思维的变法中开展着。

◘ 图5-8 影像与多种材料——探查（广州三年展作品 爱尔兰 约翰·克里）

◘ 图5-9 多种材料——探查（广州三年展作品 爱尔兰 约翰·克里）

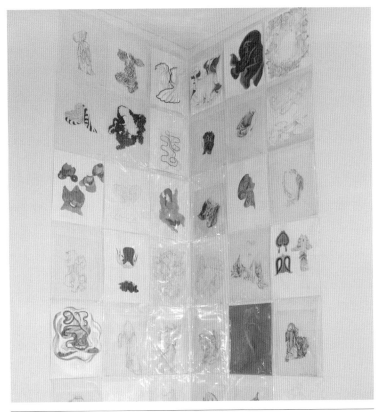

◘ 图5-10 手绘塑料布多种绘制组合（广州三年展作品 古巴） 作品材料简朴，不张扬，在艺术的形式上也不给人以很新的感观，绘画的手段也十分单调。在创作的各个领域上都不是很能给人创新之感。但是，就是这些似乎很不近情理的创作手段，却把人们的思维从另一个方面凸显出来，给人在创作中引领到另一个创作思维。其实是不择手段的表现。

◘ 图5-11 多种材料——探查（广州三年展作品 爱尔兰 约翰·克里

■ 图5-12　多种材料——探查（广州三年展作品 爱尔兰 约翰·克里）

■ 图5-13　多种材料——西罗多镇的船（广州三年展作品 加拿大） 作品把思维变通，变成一种不符情理的创作动机，这种不和谐的视觉观，会给人有种别样感觉。可就是因为这种感觉，才有似乎突出另类或异样的视觉感。

■ 图5-14　金属材料（上海莫甘山路） 作品（金属）材料传统，但造型上很另类，运用镂空的形式，很有创新之感。（左下图）

■ 图5-15　陶瓷材料（天津工业大学学生作品） 运用现代的创作原理构成，来改变创作思维。（右下图）

■ **图5-16 多种材料（广州三年展作品）** 在我们的创作中，很多灵感是来自于对各种事物的体验，通过运用这些体验来指导我们的创作。本作品是通过百货商店楼道中广告灵感创作而来的。

■ **图5-17 多种材料（广州三年展作品）** 作品中的卡通，是通过影视中动画形象的影响而创作的。

■ **图5-18 多种材料（广州三年展作品）** 作品中采用对话的模式。也就是采用人与人的对话，人与物的对话，人与创作形式等多种交流对话，改变思维，反复获取创作中最新的语言。

◘ 图5-19 多种材料——圆柱体群（广州三年展作品 加拿大 林卡特）

◘ 图5-20 多种材料——圆柱体群（广州三年展作品 加拿大 林卡特）

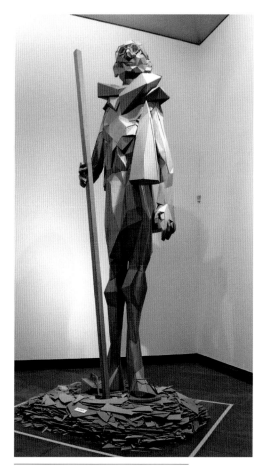

◘ 图5-21 多种材料（广州三年展作品）

◘ 图5-22 东风西风——多种材料（广州三年展作品 邵译农 慕辰）

3 内因外联

内因，是通过内在的、自身的、文化的、历史的等因素构成。它们相互交叉，重新组合，挖掘无穷尽的创作语言来用于创作。我们在创作中都习惯于以这样平常的心态，在内因的范畴内去寻找创作的灵感，习惯于这样的模式，开展我们的创作活动。

外联是与外界沟通。时代把以前封闭的大门打开了，外来的东西也进入国门，各式各样的东西像魔术棒一样吸引和刺激着我们的神经，勾起我们的创作欲望，让我们重新面对以前的创作思维或模式思考：这样的创作模式是否还能适应这个社会？还能很好地满足人们的视觉欲望？这就给我们的创作者提供重新思考与创作定位的机会。（图5-26~图5-34）

面对新的形势和机遇，在创作中，我们不仅要在内因的范畴里寻找创作灵感，也要与时俱进，吸收外来文化，即外联。只要是好的东西，只要是适应社会的发展，满足人们的视觉欲望，我们就可以借鉴，哪怕是打破习惯也在所不惜。（图5-35~图5-42）

图5-32、图5-33作品很有外联的视觉感。现代工艺的复合材料，涂有现代人的调侃，很有视觉冲击的另类感。

图5-35~图5-37是课堂上的实验作品。辅助实验是教学的最好学习方式，是锻炼学生创作性思维的绝佳途径。从材料的选择，色彩的运用，以及制作工艺，从不同的角度，来启发学生的创作思维。

图5-24 多种材料（天津工业大学学生作品） 这件作品，在视觉上也有异样的感觉。作品在实验中，把记忆中的一些状态转换到作品中，斑马的纹样、动物的脚放置在作品中，异样之感突出。视觉有冲击之感。

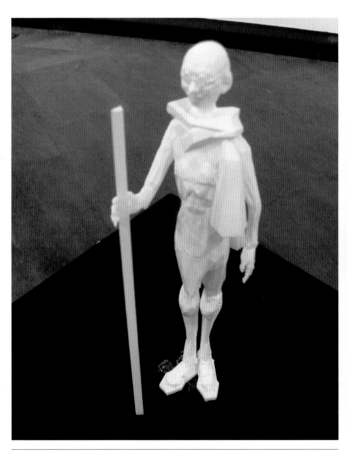

图5-25 纸板材料（广州三年展作品） 作品视觉很有另类之感，表现的主题也暧昧，并令人思考或猜疑。作者究竟想表现什么？其实这就是艺术家在设计中，力图用多角度的创作思维，留给人们对作品的思考，来达到设计的目的。

图5-23 多种材料（天津工业大学学生作品） 通过给学生传统元素，"不择手段"地创作实验，让他们理解创作中"不择手段"的创作含义。

作品通过把传统的元素放大在老式的眼镜框中，改变了创作的视觉观念，作品形态上的意义发生了变化，有种另类的视觉感受，与众不同，很有异样之感。

◘ **图5-26　多种材料（天津工业大学学生作品）** 作品中碗是麻做的，碗中的米是纸做的，打破了传统材料的概念，既有另类之感又有现实之感。（左上图）

◘ **图5-27　多种材料（天津工业大学学生作品）** 钟表造型与材质有另类感，再加上采用装置手段，很有创意。（左中图）

◘ **图5-28　多种材料（天津工业大学学生作品）** 把麻布通过火烧，重新建立的肌理很有创新意味。（左下图）

◘ **图5-29　多种材料——东风西风（广州三年展作品 邵译农 慕辰）** 作品中把灯饰的装饰物借用于创作中，不仅有传统的内涵，又有现代之感。

▣ **图5-30　多种材料（广州三年展作品）** 作品把习以为常的工棚搬到展览空间中，其视觉于原本的性能发生了变化，很耐人寻味。

▣ **图5-31　多种材料（广州三年展作品）** 纺织物是人们经常接触的材料，可是经过艺术家重新赋予艺术上的演绎，其意义与众不同，既有内因又有外联之感。

❏ **图5-32　复合材料（广州三年展作品）**（左上图）

❏ **图5-33　广州三年展作品局部**（右上图）

❏ **图5-34　多种材料——黄色飞行**（广州三年展作品 吴山专）把机场的场景运用到创作中，很有外联的创作思维。

■ **图5-35　多种材料（天津工业大学学生作品）** 材料巧妙组合，传达内因外联的主题。

■ **图5-38　另类视觉设计（天津工业大学学生作品）** 扑克牌用于椅子上，视觉很有另类的感觉。设计者把两种不同功能性的东西放在一起，思维很有碰撞感。

■ **图5-39　金属材料（中央美术学院设计）** 材质是硬的，但视觉感是软的，多思维设计，很有创意。

■ **图5-36　多种材料（天津工业大学学生作品）** 运用各种彩色毛线与编织工艺创作，力图训练和启发多角度的创作思考。（左中图）

■ **图5-37　纸板（天津工业大学学生作品）** 一种装置作品，突出创作者多项思维的选择。（左下图）

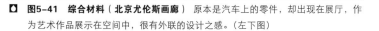

■ 图5-40　钢+现成品——可变设置（韩国 严赫镕作品） 制造对话的视觉感，强迫人们多方位思考。（上图）

■ 图5-41　综合材料（北京尤伦斯画廊） 原本是汽车上的零件，却出现在展厅，作为艺术作品展示在空间中，很有外联的设计之感。（左下图）

■ 图5-42　综合材料（天津工业大学学生作品） 空中悬吊无数的钢针有掉下刺向气球之感，冲击着人们的视觉，令人对作品有莫名的思考。这是多思维结合的作品。

4 作业

一、让学生选择材料做思维破解创作。

要求：

1. 选择对象；

2. 制作方案；

3. 制作作品，并写出作品整个的制作过程说明。

二、利用各种手段，做内因外联训练。

要求：

1. 选择对象；

2. 制作方案；

3. 制作作品，并写出作品整个的制作过程说明。

5 结语

本章主要研究的内容是让学生如何破解思维，也就是让学生开阔眼界，改变思维。

可以通过各种手段和方式方法，甚至可以"不择手段"去表现，去设计。只有这样，才能创作出形式繁多的艺术作品。

本章重点：如何开阔眼界，改变思维。

本章难点：用什么方式来改变创作思维。

建议课时：10课时。

第 6 章　设计实践

1 概述

艺术教学实践，是艺术设计中非常重要的环节，是学生通过理论的学习后，需要再通过实践来理解与消化，把所学的知识，化解到实践中去。

所以学习的实践是非常的重要，再好的理论知识，没有丰富的实践过程，也无法消化。

理论与实践的结合，是开发人们创作最好的过程，好的艺术设计都是通过实践的开发产生出来的。另外，实践也是技术开发及使用的重要过程，只有通过实践的过程才能很好地发挥技术能量。

本章通过设计实践中具体案例，来说明如何利用材料进行艺术创作，共分三部分案例研究。

综合材料设计创作是综合材料设计中的一个重要的阶段性课程，它是整个综合材料设计中一项重要的教学环节。我们在前几章课程中试图多角度、多方位地介绍综合材料，以及拓宽学生对综合材料理解的局限性与片面性。而在这章课程中，在掌握理性的知识外，让学生重点把对综合材料的理解转换成设计创作与实践，通过实践把对综合材料课程的理论理解进行转化。（图6-1）

2 设计实践案例分析 1

综合材料景观墙设计实践

综合材料景观墙是韩国光州市一处地铁内的景观墙。该景观墙委托给韩国光州市朝鲜大学的教授和其工作室的学生们完成。本景观墙所选用的材料是陶瓷。 综合材料设计实践阶段是综合材料

◘ 图6-1　艺术家项目工作室（韩国）

设计进入到具体的阶段。在这个阶段要从设计大的宏观角度来考虑设计的具体内容和方案，可多种设计方案并存，通过对方案的仔细筛查，来达到方案的最佳选择。（图6-1～图6-7）

■ 图6-2　艺术家项目作品（壁画半成品）

■ 图6-3　艺术家项目作品（局部）

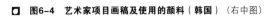

■ 图6-4　艺术家项目画稿及使用的颜料（韩国）（右中图）

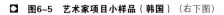

■ 图6-5　艺术家项目小样品（韩国）（右下图）

本景观墙是这位教授的代表画作。如图6-2、图6-3所示（把这幅画作等比例扩大）。

先把草稿画在一张白布上。然后把白布上的画分割成一小块一小块。每一小块标上数字号码。被分割好的一小块一小块画面，用陶瓷雕塑的形式呈现出来。好像小时候玩的拼积木似的。整个一副画面由"小部件"拼接组成。

由于每个"小部件"都有各自的立体造型。因此，由它们组合后增加了作品的"趣味性"。

图6-4、图6-5作品使用的是陶瓷材料，不过为了使作品的色彩在窑变时不发生变化，使用了特殊材料。

该作品主题表现现代城市人们在关注环境的同时，更关注人们的生存状况。

■ 图6-6 学生在教授工作室给景观墙的每一块结构绘制色彩

■ 图6-7 在教授工作室，教授和所指导的学生共同商讨设计方案

3 设计实践案例分析2
综合材料个人作品创作设计实践

图6-8～图6-10是《直指》系列木雕作品。作品通过形态各异线装书籍造型的组合，意在展现出关于书海无涯、亦书亦友、书之力量的内涵。作品选用木质为材料，通过刀砍斧劈的表现手段，旨在传导传统、现在、未来的指向，以及传统与现代多重文化的碰撞。在造型的塑造上，作者没有采用较写实的"描绘"，而是选用形态简括大气之表现，把历史与现代所遗留下来的斑斑痕迹，通过书籍组合的形态呈现于人们。

另外，此系列作品虽然借用古装线订书籍的传统手法，但设计意识别具匠心，形态构成不拘一格，具有很强的现代感。特别是作品中采用不锈钢板焊接以及铸铜材料与木质材料的交互使用，使作品颇具现代感。

图6-11～图6-13作者力求使用的还是普通木质材料来创作作品，但形态的表现各异，试图都是在演绎着普通木质材料的独特魅力，使演绎更加完美，更加与作品的主题结合。好的作品不必一味追求材质的新，而追求材质充分发挥其能量。

▣ **图6-8　木材+不锈钢——直指——木书花**（韩国　严赫镕）

▣ **图6-9　木材+铸铜+现成品——传统·现在·未来——亦书亦友**
（韩国　严赫镕）

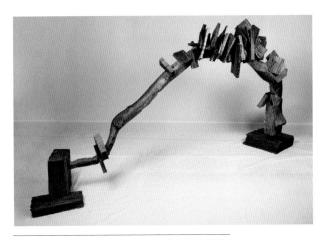

▣ **图6-10　木材——直指——册门**（韩国　严赫镕）

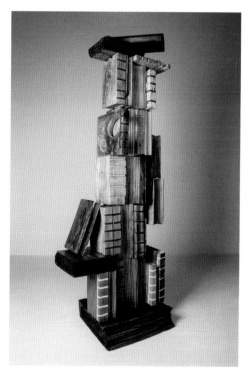

■ 图6-11　木材+现成品——直指——对话（韩国　严赫镕）

■ 图6-12　木材——直指——老朋友（韩国　严赫镕）（左下图）

■ 图6-13　木材+现成品——直指——对话（韩国　严赫镕）（右下图）

▢ 图6-14 强化玻璃+钢——偷窥症——日记偷窥（韩国 严赫镕）   ▢ 图6-15 强化玻璃+钢+日记 局部——偷窥症——日记偷窥（韩国 严赫镕）

图6-14和图6-15是《偷窥症——日记偷窥》中的作品，是可移动装置作品。这件作品具有可拆解与再组装功能。其实这种功能的作品可无限制地再创作，每次展览都可通过作者的偶发产生出来的感觉，设定作品的场景，使创作始终在延续。作品采用强化玻璃与金属钢材按照作者创造的意图构成，很具有偷窥之感。特别是玻璃具有把周围的景物收纳在镜中，更具有防窥视的戒心。这就是日记，一些值得记忆但隐私的东西，防备被别人偷偷窥视。

图6-16和图6-17是《厕所里有欢喜》的装置作品。作品故意设置在韩国首尔地铁7号线列车内（车厢为材料）与车厢内的花朵及雕有透明手组合，并且在地铁车厢内存在时间设置为6个月。当人们坐在车厢内所绘坐便的座位上，以及人们握着缠绕在把手上的鲜花，形成一种作品与乘客间参与和互融互动共同创作的行为艺术，很有创意。作品材料设置可变可移，属于混合媒体（混合材料）。

▢ 图6-16 混合材料——厕所里有欢喜（韩国 严赫镕）   ▢ 图6-17 混合材料局部——厕所里有欢喜（韩国 严赫镕）

图6-18是严赫镕教授的另一件作品。题为《汉泽尔与格雷太尔的故事》。材料为不锈钢。是他在2009年创作的系列作品。作品把人们的视点放在房间里的坐垫与书籍上。通过这些视觉元素，把作者的创作意图与形象混合放在一起，产生的视觉形象，引领视觉集中在作品的主题元素"书籍"上，静坐在垫子上听取着历史与现代发展过程中无数耐人寻味的故事。另外制作程序选用不锈钢材料，按照作品的造型一块块焊接、打磨、抛光等制作

手段，最终完成作品。

图6-19《碑——如坐针毡》是用铝、钢、现成品等材料共同制作的作品。这件装置作品故意把座椅加高，往空间延伸，好像是一座纪念碑。"记忆"犹如坐在石碑上，那些如坐针毡的往事浮现在眼前，痛苦与快乐像石碑一样永恒。作品的造型好像是古代做官的帽子述说着历史发生的故事。

◘ **图6-18 不锈钢——汉泽尔与格雷太尔的故事**（韩国 严赫镕）

◘ **图6-19 铝+钢+现成品——碑——如坐针毡**（韩国 严赫镕）

4 设计实践案例分析 3
综合材料环境雕塑设计实践

综合材料设计制作阶段是整个设计的最后阶段，也是实践课的终结课程。在这个阶段，学生重点在制作上要认真结合实际项目来完成课程的内容，通过完成项目来达到实践的目的。另外，实际项目实践与课堂上的实践是有本质上区别的，面对实际具体项目的实践，你会遇到一些预想不到的具体问题，所以在制作阶段要结合实际项目来完成。（图6-20）

在综合材料艺术作品的具体设计过程中，不是把项目按设计的大小直接完成。而是先设计作品小样，在完善小样的基础上，再根据小样制作放大，或具体在需要的材料上放大来完成。小样

的制作要具体翔实，大样的完成就是建立在小样的基础上的。所以小样的制作是十分重要的。

图6-20～图6-38是韩国艺术家柳休烈的工作室及其作品。艺术家为了使艺术的魅力发挥到极致，使放置在环境中更接地气，艺术家也通过艺术创作，孜孜不倦地进行各种实践，同时也将创作风格各异的作品参加各种展览，使自己的作品得到更多人的认可。

通过艺术家创作的作品，及创作的各种情景和展览的场景可以看出，艺术家的成果及收获是建立在勤奋的基础上。

◘ 图6-20 实际景观作品（韩国）

◘ 图6-21 柳休烈作品（韩国）

◘ 图6-22 柳休烈作品（韩国）

◘ 图6-23 柳休烈作品（韩国）

◘ 图6-24 艺术家工作室一角（作品小样 柳休烈）

◘ 图6-25 艺术家工作室一角（作品小样 柳休烈）

◘ 图6-26 艺术家工作室一角（作品小样 柳休烈）

◘ 图6-27 艺术家工作室一角（作品小样 柳休烈）

◘ 图6-28 艺术家工作室一角（作品小样 柳休烈）

◘ 图6-29 柳休烈作品（韩国）

◘ **图6-30 艺术家为庭院设计的雕塑（韩国 柳休烈）** 该作品是柳休烈为韩国一所公园设计制作的一件环境雕塑。此雕塑作品选用的材料为水泥和彩砖碎片镶嵌，一改传统雕塑材料。艺术家对材料的使用独具匠心。此作品表现的主题为家庭，从作品造型上采用夸张、概括的表现手法。一家人祥和、快乐的气氛感染着每位观者。

◘ **图6-31 柳休烈作品（韩国）**

◘ **图6-32 柳休烈作品（韩国）**

◘ 图6-33 柳休烈作品(韩国)

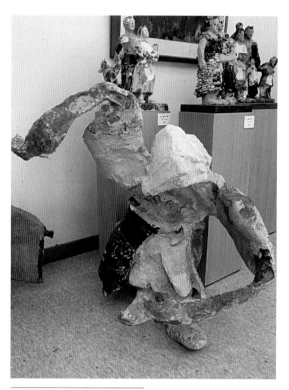

◘ 图6-34 柳休烈作品(韩国)

◘ 图6-35 柳休烈作品(韩国)

■ 图6-36 柳休烈作品（韩国）

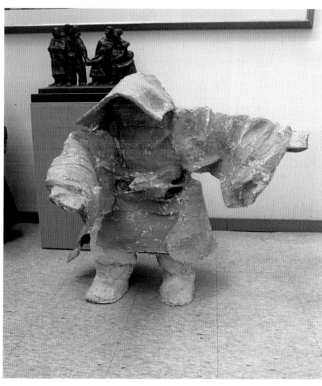

❏ 图6-37 柳休烈作品（韩国）

❏ 图6-38 柳休烈作品（韩国）

5 作业

一、选择实际项目或模拟项目，通过对它们的训练，了解实践的过程。

要求：

1. 完成实践项目的全部过程；
2. 绘制详细的各种图纸；
3. 提交调研的全部数据与报告。

二、可能的情况下到跟材料有关的工坊具体参与作品制作。

要求：

提交工坊实践的具体数据报告。

6 结语

本章通过学生综合材料艺术实践的教学环节，重点训练学生在具体项目的实践中，如何来完成综合材料设计的最后实践活动，从认知设计到成品完成的全部过程。

本章重点：认知艺术实践的过程，并如何来完成各项实践课程。

本章难点：各种实践项目的设计与构想。

建议课时：10课时。

参考文献

[1] 王峰.设计材料基础.上海：上海人民美术出版社，2006.

[2] 郑建启、刘杰成.设计材料工艺学.北京：高等教育出版社，2007.

[3] 魏小杰.关于现代雕塑的材料运用.中国论文下载中心，09-01-09 14:08:00.

[4] 文一.西方后现代艺术的起源.中国论文下载中心，06-06-16 09:03:00.

[5] 胡澎.论公共艺术品的表现媒介.中国论文下载中心，09-02-03 10:14:00.